[日]米泽创一 著 袁小雅 译

项目管理式生活

北京联合出版公司
Beijing United Publishing Co.,Ltd.

图书在版编目（CIP）数据

项目管理式生活 /（日）米泽创一著. 袁小雅译. —北京：北京联合出版公司，2019.7
ISBN 978-7-5596-3193-0

Ⅰ.①项… Ⅱ.①米…②袁… Ⅲ.①思维方法－通俗读物 Ⅳ.① B804-49

中国版本图书馆 CIP 数据核字 (2019) 第 080062 号

北京市版权局著作权合同登记号：01-2019-3132 号

PROJECT MANAGEMENT TEKI SEIKATSU NO SUSUME by Soichi Yonezawa.
Copyright © 2017 by Soichi Yonezawa. All rights reserved.
Originally published in Japan by Nikkei Business Publications, Inc.
Simplified Chinese Translation Rights arranged with Nikkei Business Publications, Inc. through East West Culture & Media Co., Ltd

项目管理式生活

作　　者：（日）米泽创一
译　　者：袁小雅
责任编辑：昝亚会　夏应鹏
版权编辑：张　婧
特约编辑：丛龙艳

北京联合出版公司出版
(北京市西城区德外大街 83 号楼 9 层　100088)
北京联合天畅文化传播公司发行
天津旭丰源印刷有限公司印刷　新华书店经销
字数：172 千字　880mm×1230mm　1/32　印张：7.75
2019 年 7 月第 1 版　2019 年 7 月第 1 次印刷
ISBN 978-7-5596-3193-0
定价：48.00 元

未经许可，不得以任何方式复制或抄袭本书部分或全部内容
侵权必究
如发现图书质量问题，可联系调换。质量投诉电话：010-57933435/64258472-800

目 录

PART 1　缩短"制作咖喱饭"所需的时长 ⋯⋯⋯⋯⋯1

序言／挑战"制作咖喱饭"项目／制作咖喱／烹煮米饭／哪些操作能并行处理／注意各项操作之间的依存关系／厨师人数增至 2 人，明确分工／改变工序，关键路径也随之改变

PART 2　通过项目管理的方式实现幸福 ⋯⋯⋯⋯⋯17

项目管理在工作和生活中都不可或缺／在埃森哲初识项目管理／经营业余兴趣爱好，乐享人生／人生的目标：幸福和永远幸福／职业生涯从"掉队生"开始／与英语及编程的恶战／偶然间学到的新技术，竟成新时代主流／日本面临的超级难题：人口问题和少子老龄化社会／日本人口年龄结构将成为世界首个"倒金字塔型"／发展教育，才能让更多的人实现幸福／开创更美好的未来所必需的三要素

PART 3　何为项目管理 ⋯⋯⋯⋯⋯41

项目管理式生活的三大支柱／项目和项目管理技巧／本质思维和本质把握能力／幸福思维和幸福导向

PART 4　项目管理所需的技巧 ⋯⋯⋯⋯⋯53

项目管理技巧是什么／5 个过程组和 10 个知识区域／如果未能按计划进行，须查明原因／很容易被抛在脑后的质量管理／仔细分析问题发生的原因很重要／正确的觉悟和行动才是引领项目取得成功的关键／管理与领导

PART 5　思考与把握本质的能力 ⋯⋯⋯⋯⋯71

什么是把握本质／把握问题的本质／思考自己要做的工作的本质／思考事业的本质／"身为公司职员"的本质／"沟通问题"的本质／被 HOW（方法）迷惑会让你看不清本质／为何打高尔夫的前辈的建议无法帮助我们成功／"己事化"

PART 6　幸福思维和幸福导向……115

对我们来说,"成功"是什么／毕业求职:感受各种缘分,按照自己的方式思考／应把"成长"放在首位

PART 7　创造时间——磨炼时间管理技术……125

将项目管理运用到生活中／成本管理与风险管理也能在生活中发挥作用／用时间管理创造时间／优先顺序和限制条件／了解所需时间,然后创造时间

PART 8　记录生活日志……141

生活日志:充分了解自己生活的工具／记录工作、生活的效率／自认是"夜型人"？可能是因为你没当过"晨型人"／了解自己的睡眠／前一天的生活方式会影响当日的办事效率／把握住那些被浪费的时间／让手账变为生活的宝库／实践生活日志:灵活运用手账的例子

PART 9　去实践吧,项目管理!……165

制订合理的计划,仔细检查并改善／我们无法对所有情况做预判／从实践中学习——"准备晚饭"项目／"抵达超市所需时间"也是制约条件／反复缩短关键路径的流程／"最合理的计划"的判断标准是什么／放宽条件,增加选择项／不同的人,不同的"最优选项"／"曾经做不到的事,现在能做到"这种想法很危险／项目完全按计划推进的情况很少

PART 10　庆应 SDM 讲义之 Q&A……191

关于"项目管理式生活"的一些疑问与解答　192

后　记……240

PART

1

缩短
"制作咖喱饭"
所需的时长

序言

我从 2008 年庆应义塾大学研究生院系统设计与管理研究科(简称"庆应 SDM")设立之初开始担任讲师,主要负责"项目管理"这一课程。本书将其中一部分教学内容——"项目管理式生活"书面化,并参考学生们在课上及课后提出的问题,进行补充说明,从而以更通俗易懂的形式呈现在大家面前。

我认为人生的目标就是幸福。

我坚信灵活运用我所负责的"项目管理"和"本质把握"课程里的知识,能使人生更为丰富、幸福。如果本书能助各位读者的幸福生活一臂之力,那我将会感到无上的喜悦。

本书想要告诉大家:将项目管理技巧,尤其是时间管理技巧,融入生活,灵活运用后文详细阐述的"本质思维"和"幸福思维"等思维方式,人们将能更幸福地生活。

但是,说起"项目管理"等,有的读者可能会觉得不太好理解。所以,我将以常见的制作咖喱饭为例,对项目管理的效果和概略进行说明。

或许读者会感觉有些意外。事实上,对于烹饪这样的数个操作步骤相互依存、相互关联的事物,项目管理的技巧也是行之有效的。

关于项目管理,我将在后文中做具体的阐述。如果用一句话来形容项目管理,那就是"使想做的事情能够顺利进行的秘诀"。在后面这个案例中,使用自己拥有的烹饪器具,遵循既定菜谱,快速制成咖喱饭,就是"想做的事情"。

项目管理的技巧到底是如何运用于制作咖喱饭的,请大家拭目以待。

挑战"制作咖喱饭"项目

项目:制作 4 人份的咖喱饭。

所需食材:肉、洋葱、马铃薯、胡萝卜、咖喱块、黄油、浓缩汤料、大米。

已有器具:菜刀、砧板、炒锅、电饭煲、盆、燃气灶,装盘用的盘子、汤匙。(很遗憾,没有真空保温锅。)

还有一份既定菜谱。

制作咖喱

1. 切食材(用时:洋葱 5 分钟,胡萝卜 5 分钟,马铃薯 5 分钟,肉 5 分钟)。
2. 将黄油和洋葱放在炒锅中,将洋葱炒至焦糖色(用时:15 分钟)。
3. 将肉下锅,继续翻炒(用时:5 分钟)。
4. 在锅中加入水、浓缩汤料、胡萝卜和马铃薯,炖煮(用时:30 分钟)。
5. 在锅中加入咖喱块,继续炖煮后完成(用时:5 分钟)。

烹煮米饭

1. 淘米（用时：5 分钟）。
2. 在电饭煲内胆中加水，泡米（用时：20 分钟）。
3. 煮饭（用时：40 分钟）。

将咖喱和米饭做好后装盘即完成。装盘的时间未包含在上述工序所需时长中。接下来，我想在遵循这份菜谱的条件下进行巧妙的安排，看看能否缩短整体用时。

在试着缩短时长前，我们先确认一下这个项目的制约条件。

该项目中有两个制约条件：①不改变菜谱上既定的制作方式。②不改变费用支出（仅使用现有的烹饪器具）。

在实际的操作项目中，也有类似的制约条件。有一些制约条件在项目最后的环节或许可以通融，因此，在有多个前提条件的情况下，确认各项工作的优先顺序很重要。

首先，我们在不做任何思考的前提下，对所有工序进行串联式（直线式）排列。

"制作咖喱"需要 75 分钟，"烹煮米饭"需要 65 分钟，合计需要 140 分钟。

按照上面的顺序排列之后，我们知道了这个项目所需的最大时长。

接下来，我们在各道工序的排列方式上下功夫，甄别出导致整个流程耗时过长的工序，并尝试解决存在的问题，以便缩短整体所需时长。

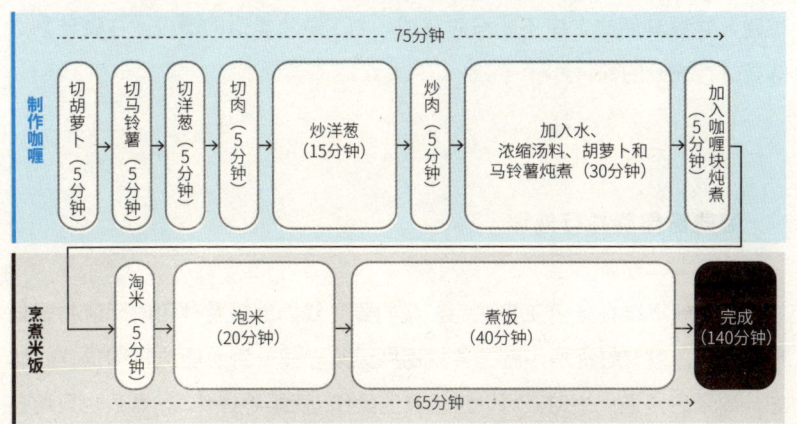

图 1-1　先做好咖喱再烹煮米饭，需用时 140 分钟

在这个项目里，为了展示项目管理的效果，我们将尝试将所需时长缩为最短。事实上，只要能将所需时长缩短至容许范围内，这个项目管理计划就会被欣然接受。说得极端一些，未经任何思考的串联式排列的计划，只要在客户的容许范围内，就有可能被客户接受。

诸如此类的有多道工序的情况，为了缩短整体用时，首先要确认其中有无徒劳的工序。在这个案例中，因为按照既定菜谱操作是前提条件，所以该步骤从略。在实际的项目中，某一工序为何一定要在某一特定的时间来进行，有时似乎也并没有一个明确的理由。

比如，明明是其他工序完成以后才能进行的收尾工作，但在相当早的阶段就开始被各种探讨，最后又不得不重新探讨。

另外，也有这样的情况：误读各工序之间的依存关系，某道工序启动得过晚，导致其后的工序不能按时完成。为了避免类似的情况，在做计划之际要进行充分的探讨。

哪些操作能并行处理

在确认不存在徒劳工序之后，我们要寻找为缩短整体用时而能并行处理的工序。就烹饪而言，就是寻找厨师无须守候一旁也能进行的操作。比如，淘米后浸泡大米时，可以进行其他操作（切菜等操作）。煮饭也只用在开始的时候按下开关，之后电饭煲就会自动工作，其间可以进行其他操作。列举的这两道工序均可与其他操作并行处理。

另一方面，在只有一位厨师的情况下，不可能同时实现切胡萝卜和切马铃薯这两项操作。至少我没有双手持刀的绝技，可以右手切胡萝卜、左手切马铃薯。我在向这种操作挑战的时候，发现双手持刀反而比单手持刀更费时间，而且切不好，难以取得预期的效果。

下面再举一个烹饪之外可并行处理的例子。

比如，灵活利用上下班的通勤时间，从某种意义上讲也是一种并行处理。至少在虽然拥挤但可以读书看报的电车里，通勤的行为和读书、看报、听英语这样的行为可以同时进行。如果是驾驶汽车或骑自行车的话，能与其并行处理的就只有听语音，但这将提高交通事故的发生概率，所以不推荐。驾车这个行为是不适合与其他行为并行处理的。

图 1-2 中，有背景色的操作步骤，都几乎不需要操作人员守候一旁。

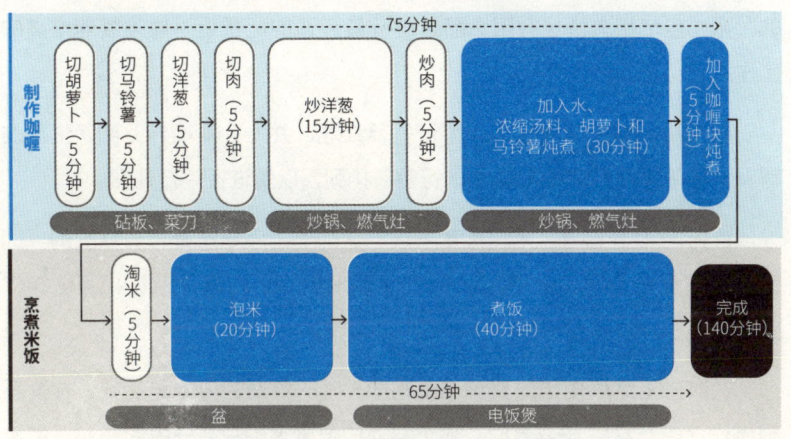

图 1-2 区分需要人员守候和无须人员守候的操作

也就是说，没有背景色的操作和有背景色的操作可以并行处理。

另外，因为器具的数量可能也是一个制约条件，所以我们追加了关于器具的信息。

比如，在只有一口锅、没有电饭煲的情况下，如果必须用锅来煮饭，那就不能在做咖喱时煮饭。煮饭和煮咖喱这两项操作在操作的性质上是不需要厨师一直守候在旁的，但因锅具的数量有限，所以这两项操作不能同时进行。

在这个案例中，出场人物及使用的器具种类都为数不多，操作顺序并非很复杂，所以可以手动管理。事实上，大规模的项目若不使用专业的管理工具则难以管理。

如果数百名成员进行成千上万项操作，各自的操作之间存在相互依存的关系，且使用资源也有限，那么进行最合适的配置是一项难度非常高的工作。

现在我们确定了各项操作可否并行处理，并为各项操作匹配了使用的器具。接下来我们对各项操作进行重新排列，以便进行并行处理。

首先，"制作咖喱"和"烹煮米饭"这两道工序显然是各自独立的。因为直至最后装盘，"制作咖喱"和"烹煮米饭"之间都不存在相互依存的关系。

这两道工序所使用的器具也不相同，唯一共通的要素是厨师。在一系列操作之间存在共通要素时，那个共通的要素哪怕只有一瞬间超越了使用极限，这个计划就不可能完成。

在现实生活中，本来每天正好完成一人份工作量的员工有时会被上司额外分配半人份的工作量。原本每天正点下班、无须加班是公司职员的正常状态，但其上司看到这种情形之后会觉得"你完成得很轻松"，从而赋予员工更多的工作。这是因为上司简单地认为，新增的工作只有半天的工作量，员工只要努力一下就会完成吧。

为了完成新增的半天的工作量，在理论上，员工每天要多工作4小时。在完成既定的一天的工作之后，再开始额外半天的工作，能保持同样的工作效率吗？而且，这种情况持续下去的话，员工还能保持与之前同样的工作效率吗？

在新增半天的工作量之前，只要是血肉之躯，尚且会因身体欠佳，导致工作效率下降，遇到这种情况，员工有时要依靠加班才能完成正常的工作量；然而，在增加要靠加班才能完成的半天的工作量之后，员工就没有那样的余地了。长时间地多做半天的工作,在消耗当事人体力的同时,也增加了当事人健康状态崩溃的风险。

在那些认真且具有很强的责任感、积极改进工作方法以便最大限度提高工作效率的人身上,这种悲剧时常发生。

因为当事人已将工作效率提高至极限,再没有提高的余地,新增的工作即便需要三个小时才能完成,于公司而言也是净增。而平时没有认真对待工作的人,因原本一天的工作还有改善的余地,就不会受到认真对待工作的人所受的那么大的伤害,而且被赋予新的工作任务的可能性也很低。我们绝不应无视这种认真对待工作的人反而毫无道理地遭遇此等悲剧这个问题。

注意各项操作之间的依存关系

回到"制作咖喱饭"这个项目。

我们需要着眼于操作的性质和厨师。第一步,对无背景色的操作进行配置,确保无背景色的操作步骤不被并行处理。如果两项不同的操作需要使用同样的器具,则在配置时要保证这两项操作不在同一时间段进行。

我们只是通过并行处理,就使整个流程所需时长瞬时缩短为 80 分钟(见图 1-3)。而不做任何思考将操作串联排列的时候,整个流程用时 140 分钟。仅仅改进操作方法,所需时长就缩短为 80 分钟,你不觉得了不

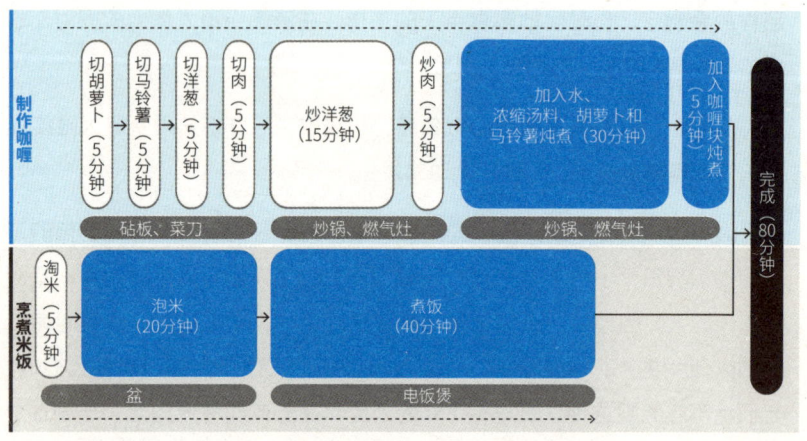

图 1-3　考虑到厨师人数受限,制作咖喱与烹煮米饭同时进行

起吗？

通过这个案例,我想,读者能领会到项目管理在缩短咖喱饭制作时长上发挥的作用。

另外,"淘米"后"泡米"这一操作与"煮饭"这一操作可以在整个流程开始 5 分钟之后进行,即"淘米"完成之后马上开始,也可以在 20 分钟之后即切完洋葱之后再开始,都同样能满足咖喱饭的完成时间。

只是,与其在切菜过程中,抽出手去"泡米",不如先迅速完成"泡米"这个操作,再去切菜,所以这里采取了这样的配置方式(见图 1-3)。

另外,还有一种不多见的突发情况:电饭煲因故障而无法使用。在这种情况下,早些完成"泡米"操作,然后可以用其他的煮饭方式来应对突发性故障。

这在项目管理领域被称为"风险管理"。

风险管理是指,提前预估可能会发生的情况并杜绝其发生,或是做相应的准备以减少其发生后所造成的危害。

在实际的项目中,要考虑可能会发生的情况、其发生的概率、其发生后所造成的危害、减轻这种危害的策略及成本,并将它们融入计划,还要探讨预测之外的事情发生时应在日程和预算上做好哪些准备。

关于风险管理,后文将有详细的阐述,这里只需理解其大致概念。

目前,由于操作顺序的变更,并行处理成为可能,使咖喱饭的制作时间缩短为 80 分钟。通常来说,有这样的改进足矣,但我们还要继续向更短时长发起挑战。

现在,制作咖喱需要 75 分钟,烹煮米饭需要 65 分钟。因为在开始制作咖喱的前 5 分钟要淘米,所以合计需要 80 分钟。

与此案例相似,在项目完成前有多个操作工序的情况下,我们要着眼于耗时最长的操作工序(制作咖喱)。

厨师人数增至 2 人,明确分工

我们详细看一下在制作咖喱的过程中存在的依存关系。

很显然,"切洋葱"和"炒洋葱"之间存在着依存关系。不完成"切洋

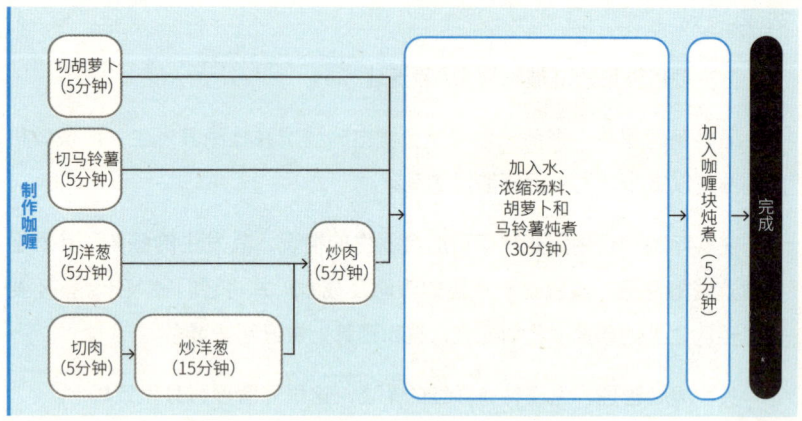

图 1-4 "制作咖喱"的过程中的依存关系

葱"这项操作就不能"炒洋葱"。另外,在洋葱变成焦糖色之后会加入肉片继续炒,所以"炒洋葱"和"炒肉"之间存在着依存关系,当然,"切肉"与"炒肉"之间也存在着依存关系。

这些关系用图来表示,就是图 1-4。

为了缩短"制作咖喱"用时,我们思考一下"切洋葱""切胡萝卜""切马铃薯""切肉""炒洋葱"这几项操作可否同时进行。

由于这些操作的性质,一个人是无法并行处理的。

为了能并行处理,就需要增加成为其制约条件的厨师人数。

因为前提条件是不能增加费用支出,所以我们假设恋人或家人可以帮个小忙。

乍一看，这种情况下的制约条件是厨师、砧板、菜刀等。但很显然，"炒洋葱"操作中所使用的锅、燃气灶是切菜操作中不使用的。"炒洋葱"操作中也不使用菜刀和砧板。

也就是说，在"炒洋葱"的过程中，另外一位厨师可以使用菜刀、砧板来切菜。这样的话，只需增加一个厨师，让其操作 15 分钟，就可以使并行处理成为可能。通过巧妙地分配工作，器具将不再是制约条件。

厨师人数暂时由一名变为两名，为了不重复操作同一步骤和重叠使用器具，我们来思考如何分配操作。

若其中仅 15 分钟可由两名厨师同时操作的话，可使"制作咖喱"的时长缩短为 60 分钟（见图 1-5）。

原来的厨师在切完洋葱之后，将砧板和菜刀交给新增的厨师。新厨师继续切胡萝卜、马铃薯和肉。这期间，原来的厨师将洋葱炒至焦糖色。

新厨师在完成切菜的操作时，炒洋葱的操作也完成。这时可以在已变为焦糖色的洋葱中加入肉继续翻炒。

当然，新厨师将洋葱炒至焦糖色，原来的厨师切胡萝卜、马铃薯和肉也没关系。考虑到切菜操作的连贯性，由原来的厨师担任切胡萝卜、马铃薯和肉的操作比较好。这个案例中，考虑到后续工序翻炒中的两项操作——将洋葱炒至焦糖色和加入肉继续翻炒——合计需 20 分钟，为了使新厨师的参与时间缩短至最小限度，采取了如图的分配方式。

虽然从全部完成所需时长的角度来看，无论哪一位厨师从事哪一项操

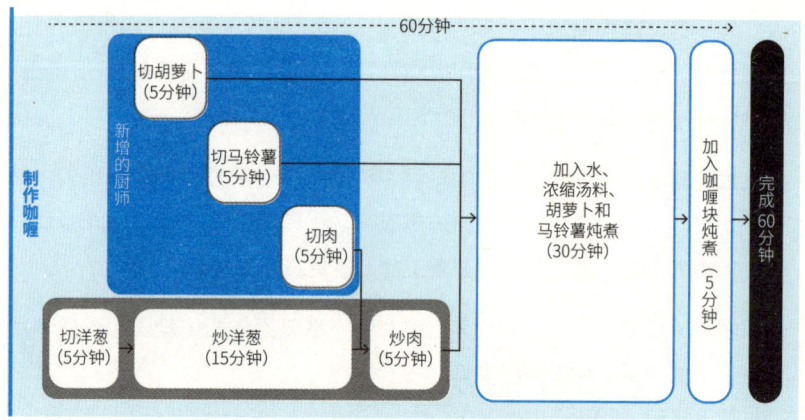

图 1-5　厨师人数增至 2 人，各自分担一定的职责

作，结果都是一致的，但考虑到各项操作的相似度与连贯性，减少无效的切换动作，尽量缩短新厨师义务帮忙的参与时间，会提升咖喱饭的品质和参与人员的满足感。

　　参与项目的都是凡人，只要是有人参与的事情，就理所应当地要考虑当事人的情绪和心理感受，这些因素都将直接影响工作效率。

改变工序，关键路径也随之改变

　　虽然"制作咖喱"的时长缩短为 60 分钟，但"烹煮米饭"仍需 65 分钟，所以"制作咖喱饭"的所需时长仍为 65 分钟。在缩短"制作咖喱"的时长之后，"烹煮米饭"所需时长则将影响整体所需时长。

在项目管理领域，耗时较长的系列操作影响整体所需时长，被称为"关键路径"。

在只有一个厨师的情况下（图1-3），因"制作咖喱"耗时最长，所以"制作咖喱"这一系列操作是整个流程中的关键。增加厨师人数（恋人或家人前来帮忙）后，"制作咖喱"的时长得以缩短，于是，"烹煮米饭"这一系列操作转而成为关键路径。

严格来讲，原本的关键路径是"淘米"和"制作咖喱"的一系列操作。这两者之间不存在相互依存的关系，但当厨师人数为一人的时候，由于受厨师人数的限制，两者之间被视为具有关联性：一个人操作的情况下，不完成"淘米"操作，就不能进入切菜环节。

关键路径这个概念在本书后半部分会有详细的阐述，现在只要记住这个名词就好。

把"制作咖喱"和"烹煮米饭"并列来看就会发现，通过灵活安排新厨师，"制作咖喱"系列操作中的"切洋葱"环节可以和"淘米"环节同时进行。然而，"淘米"之后"泡米煮饭"的过程需要60分钟，所以最终无法再缩短时长。要想使新厨师的参与时间最短，所以难以再缩短整个流程的时长。

严格来说，在"制作咖喱"系列操作中，最后两道炖煮操作和煮饭期间，几乎不再占用厨师的劳动力，厨师在厨房里可以在监督炖煮的同时做出另外一道菜，比如，灵活利用这35分钟可以做道蔬菜沙拉。总之，关于制作咖喱饭，在新厨师只协助15分钟的条件下，65分钟完成已是极限。

这个案例如何？我想，大家或多或少都有过制作咖喱饭的经验。

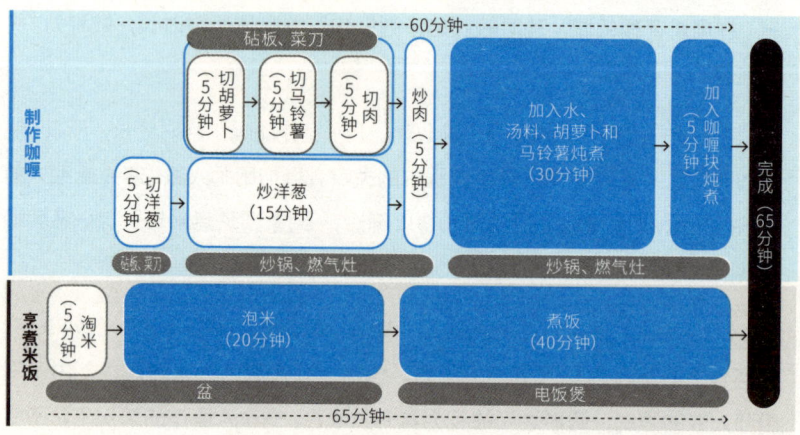

图 1-6 "制作咖喱"所需时长比"烹煮米饭"所需时长短了

通过这个案例,我们知道,不做任何思考,将所有的操作都按串联方式进行时,需要 140 分钟;仅改变操作顺序,所需时长可以缩短为 80 分钟;如果进一步请家人或恋人帮忙 15 分钟,所需时长可以缩短至 65 分钟。

本书阐述的项目管理技巧主要以时间管理领域的问题为中心,也包含如何降低成本、如何使成品让人满意、如何做得更拿手等技巧,等等。

缩短了所需时长的咖喱饭制作工序是怎样的?如何比较其他替代方案以及判断基准是什么?本书将在后面的章节中加以介绍。

接下来,我将阐述项目管理技巧及灵活运用这种技巧的过程中的重要思维方式。在这之前,请允许我做一番自我介绍,我将简要介绍一下我走过的人生路、为何对项目管理及时间管理有兴趣,然后通过运用这些方法享受到怎样的成果,诸如此类。

PART

2

通过
项目管理的方式
实现幸福

项目管理在工作和生活中都不可或缺

我从京都大学经济学部毕业后，作为新人入职世界级的综合顾问公司埃森哲，到 2017 年 1 月末已工作近 27 年。在职业生涯的后半段，我作为总经理，历任公司内部多个组织及项目的负责人，入职时完全拿不出手的英语水平也因常驻海外而有所进步。我成长为这家跨国企业在日本的负责人，在每周举行数次的电话会议中是核心人物。

另外，我还是这家跨国企业的教育事务负责人，负责设计和推进教育课程。可以说，是在埃森哲的职业经历成就了今天的我。

在埃森哲初识项目管理

作为程序管理/项目管理、软件工程、系统开发方法论、CMM/CMMI（卡内基·梅隆大学软件工程研究所提倡的模式）和品质管理方面的专家，我从高难度项目负责人、品质保证负责人等立场与项目管理产生过各种关联。

以项目管理为首，本书所阐述的软件工程和品质管理等方面的技能都是我在埃森哲工作期间掌握的。你也许会认为这是因为我在大学学得不够认真，但我想说的是，即便我在大学学得足够认真，在埃森哲收获的也堪称大学时代所学的数百倍以上。

另外，我多年任职大型组织的负责人，在组织运营流程的改善、提升成员能力的培训、与合作伙伴的关系的改善及商业扩张还有新技术的取舍等方面积累了各类经验。埃森哲是一家真正的跨国企业，在这里，员工能与分布在世界各地的同事们紧密联系，密切沟通。

我记得，在我入职时，公司的名字还是安盛咨询公司（于2001年更名为埃森哲公司），在全世界有2万名员工，在日本只有600名左右的员工。现在，埃森哲在全世界范围内拥有42万名员工，在日本约有9000名员工，成长为遍布世界上55个国家、200个城市的巨型企业。[1] 在员工被常规性地要求成长的同时，公司也给了员工成长的机遇。埃森哲公司内部很好地平衡了自由和纪律，尤其对需要成长和自我发展的年轻人而言，埃森哲是一片极佳的天地。埃森哲在全世界范围内拥有大量优秀、相互激励的同事——不同于那些徒有虚名的跨国企业，它是一家真正的跨国企业——在职期间构筑起的牢固友谊是我人生的一笔宝贵财富。

经营业余兴趣爱好，乐享人生

入职之初，我像公司所倡导的"Work Hard, Play Hard"（努力工作，努力玩）那样，狂热地工作，没有任何被迫或不愉快的体验。同时，我也会在生活中从容经营自己的兴趣爱好，直至现在也是如此。

为了让读者了解我的禀性，我觉得谈谈我个人的兴趣爱好是最好的途径，我想在此占用书中少量篇幅。

---

[1] 编注：作者所列数据为日文原书出版时即2017年年底的。

我从40多岁开始正式打高尔夫球，到目前为止，这是我最大的爱好。我父亲是单差点[1]球员，几乎每周都去享受打球的乐趣。我记得在我的孩提时代，父亲不去打球的周末似乎很罕见。我曾蓦地想过"我成年之后也要去打球吧"，也知道父亲渴望和我一起打球。

工作之后，我北上东京，难有和父亲一起打球的机会，父亲则渐渐上了年纪。那时候我从不主动去打球，有时因为工作上的事，不得不去参加一些数年举办一次的高尔夫联谊活动。当然，每次打球的总杆数简直就是天文数字（当然，这是夸张的说法，但那些超高的数值的确令我感到脸上无光，在心里认定那就是天文数字）。我对同场打球的人们满怀歉意，全然谈不上乐在其中，也就自然而然地与高尔夫拉开了距离。

在我35岁那年的冬天，父亲因脑卒中病倒，半身不遂，再也不能享受打球的乐趣了。我一想起父亲从此与最爱的高尔夫无缘，便不再想去打球。那时，我一度认为自己这辈子都不会享受到打高尔夫的乐趣了。

在我40岁那年的冬天，父亲辞世。几年后的一天，公司要举行内部高尔夫联谊活动。换作以往，我完全不感兴趣，而那一次不同，因为活动之日恰逢父亲的忌日。我冥冥之中感到父亲对我说"你要享受高尔夫的乐趣！"，于是报名参加了联谊活动。虽然打球的总杆数还是老样子，但不知为何，我体会到了以往无法比拟的乐趣。我尽情地欣赏美好的景色，与一起打球的伙伴愉快地交谈。

---

[1] 编注："差点"是用来描述高尔夫球员水平的专有名词，指球员打球水平与标准杆之间的差距，差点数值越低，代表球员的水平越高。"单差点"是指差点值是个位数，属于"低差点"的水平。

自那以后，再受到邀请时，我开始应约去打球。约五年前，我开始主动邀请朋友去打球。我制订了一项计划来提升球艺，本打算成为单差点球员，不料计划被大幅度推迟，抑或说遭遇了挫折，但我对高尔夫的热情始终没有冷却。

虽然高尔夫在此处占用了较多篇幅，但除了高尔夫，我还有许多让我乐在其中的爱好。

人生的目标：幸福和永远幸福

总体来说，我喜欢美食和美酒，尤其喜爱日本料理和日本清酒。我觉得（用海带和鲣鱼煮出的）汤汁是足以享誉世界的大发明。另外，通过并行数次发酵这种考究且高难度的酿造工艺制成的日本清酒，也是足以享誉世界的大发明。

20多岁时，我在常去的一家居酒屋喝到了石川县的名酒菊姬的山废纯米，并为之倾倒，从此喜欢上了清酒。我当时很感慨，这种清酒酒劲居然如此强劲且回味绵长。我开始精通清酒是远在那之后的30多岁。菊姬的山废纯米是我爱上清酒的契机。后来，当我知道菊姬的山废纯米出自现代名匠、备受尊重的农口尚彦之手时，我激动得浑身直起鸡皮疙瘩。现在，"喜好清酒"成了我的个人标签。顺便说一下，如今我喜欢滋贺县高岛市的名酒不老泉。

对美食的喜爱愈演愈烈，我会亲自烹饪，为了做下酒小菜甚至会使用烟熏制法。通过烟熏这种复杂的制法，廉价的食材也可以华丽地变身为美味的佐酒小菜，这着实令人感动。

毫无疑问，我最喜欢清酒，但我也非常喜欢红酒、威士忌和啤酒，我喜欢各种酒背后蕴藏的文化底蕴。

我也非常喜欢音乐，欣赏、演唱时，都乐在其中。我喜西方音乐和日本音乐，从流行音乐到摇滚乐，从硬摇滚到重金属音乐，喜欢的种类广泛。另外，我在48岁的时候购置了一把电吉他，试图克服长年不会演奏乐器的自卑感，虽然目前还不能精彩地演奏。

我也爱运动，从1982年西班牙世界杯开始看世界杯足球赛，从还没有日籍选手的时代就开始观看美国职业棒球大联盟的赛事。我曾在初中和高中时代打排球，在大学时代打棒球（守备位置：投手）。

大学时代，比起学习，我似乎在麻将上投入了更多的精力，连续四年每年打麻将的局数超1000半庄（日本麻将的计数单位），四年里合计打了4500半庄。每半庄平均耗时1小时，所以计算下来每年耗时1000余小时，四年累计耗时4500小时。据说一件事要做到马马虎虎的水平最少需要练习1000小时，如若将打麻将的时间用来学习语言的话，我可能会掌握四五门外语。但我没有用来学习语言，而是打了100回役满（日本麻将最高分数的计数方式），遗憾的是，无人因此称赞我。

我也很喜欢像麻将这样需要动脑的其他桌游和纸牌游戏。每当发现有趣的游戏，即便没有游戏对手，我也会买回来。我对益智类游戏的痴迷就是到了这种程度。

虽然现在老花眼日益加重、反应变慢的我早已技不如前，但作为50多岁的大叔，我在飞镖游戏中自认为还是强手。有一种名为计数的练习式玩法，据说达到 500 分为一般水平，达到 700 分则是相当高的水平，我的最高得分是 1000 多分，而且曾多次得到 1000 分以上。要想得到 1000 分，投掷的 24 次飞镖里得有 19 次以上投中靶心。虽有自诩的嫌疑，但我认为自己具备相当的水平。

近年来，我对日本历史和日本传统文化越来越感兴趣。我频繁出入美术馆和博物馆，阅读了大量书籍。

我还喜欢看电影，每年会看 20 至 30 场电影，有时会把喜欢的电影看两三遍。我也喜欢话剧和音乐剧，尤其是《歌剧魅影》，兴致盎然地在国内外观赏了六七次。

可能与出身于关西地区有关吧，我也喜欢看搞笑类节目，收看电视机播放的搞笑节目是我生活中不可或缺的一部分。

以上列举的兴趣爱好都比较典型，除此之外，我还有其他许多乐享的兴趣爱好，我自认为是个享受人生的人。因为人生仅此一次，在可能的范围内享受自己喜爱的事物是我秉持的关于幸福的价值观之一。

遵循各自关于幸福的价值观去幸福地生活，是人生头等大事。当然，对于工作人士而言，工作也很重要。只是，即便事业上如愿以偿，但若自己或者家人并不幸福的话，也不能说这是一种理想的生活状态。

在事业、家庭、恋人、爱好、朋友、社会贡献及个人成长等各种要素之中，既要平衡保证自己幸福的各要素间的关系，又要为此付出努力。希望这些能为你实现个人幸福带来些许启发。

职业生涯从"掉队生"开始

我从京都大学经济学部毕业后入职埃森哲（当时尚名为安盛）。那是泡沫经济余力尚存的时代，求职市场完全是卖方市场。我以咨询行业为主展开了求职活动。关于我对咨询行业如何心向往之，后文会做描述，此处从略。我相信缘分，也一向重视缘分。而我和埃森哲之间就有缘分。在找工作时，我记得在埃森哲的进展非常顺利。彼时埃森哲的知名度还不高，也有人奉劝我说"应该还有更匹配的公司吧"，父亲却很高兴。每逢有大事件发生，父亲就教导我说："现在已经不是只考虑日本的时代了。"父亲的这句话深深刻印在我的脑海之中。我自身也对入职外资企业完全没有违和感，不仅如此，我甚至觉得外资企业更富有魅力。于我而言，父亲的影响非常大。

我满怀希望、干劲十足地入职埃森哲，却突然遭遇强大的障碍。当时埃森哲的新员工要使用全球通用的教材，学习名为COBOL的计算机语言和埃森哲独有的系统构筑方法论及工具。毋庸置疑，使用的是英语教材。我从学生时代起就不擅长英语，入学考试的英语科目虽然勉勉强强地通过了，但我还远远不能在工作中使用英语，而且对计算机知识我完全不懂。

原本我就禀赋平平，学新东西时总是学不好，学英语就是如此。刚读初中的时候，我对英语心驰神往，对英语喜爱至每晚睡觉时都要把英语课本放在枕边。但一上英语课，我就完全跟不上进度，没多久就掉队了。我不知道应该在何处动脑思考、应该默记哪些东西。而没有认同感，就很难取得进步，这常使我的思维陷入停滞状态。

我从前就最不能接受"不管怎样先默记下来"这种学习方式，入职埃森哲之后，类似读初中时遭遇的悲剧在十年后再次降临。

我入职埃森哲时的新员工培训模式是，完成为期数月的国内培训后，去位于芝加哥郊外圣查尔斯的培训中心接受最后的演练。这是为期三周的封闭式培训，日程非常紧张，周一至周六期间每天从早上 8 点培训至晚上 10 点，周日从中午 12 点培训至晚上 10 点。世界各国分公司的新员工集聚于此。培训中心的场馆是由先前购买的一所大专学校翻建成的，然后扩建了食堂、酒吧、洗衣店、健身房、台球室等设施。我当时深为其场馆规模和国际氛围所震撼。

　　当时我们被安排为两个人住一个房间，而且要求同宿的两人必须是不同国籍。我与一个研究生毕业、隶属中国台湾分公司、年长于我的台湾男子共处一室。英语靠不住，对中文一窍不通，我非常担心沟通上会很辛苦。不过，可能是因为彼此是有同样志向的同事吧，我们很快就能做到心领神会了。

　　然而，培训是艰苦的连续作战。讲课与练习均是使用英语进行的，而且学习内容都是真材实料的编程知识。到培训结束时，普通的学员能做完两个课题，优秀的学员能做完三个课题，而我根本没谱，不知道自己能做多少（直至现在也全然不知）。最后我完全抄袭了不知是谁的答案，总算在规定期限内勉强完成了培训。

　　实际上，在培训期间，因为我实在是所知甚少，培训的讲师曾向当月的培训负责人提议说："创一的理解能力太差了，他在这里参加培训也是浪费时间，送他回日本如何？"

　　毫无疑问，培训期间我得到了最差的考评。

　　当时埃森哲分配新员工的方式是，由各项目组向人事部传达人员需求，然后人事部尽量将具备相匹配的技能和资质的人员分配至各项目组（现在已有更高效的方法）。彼时，日本分公司里九成以上的员工都是做 COBOL 方面的工作。

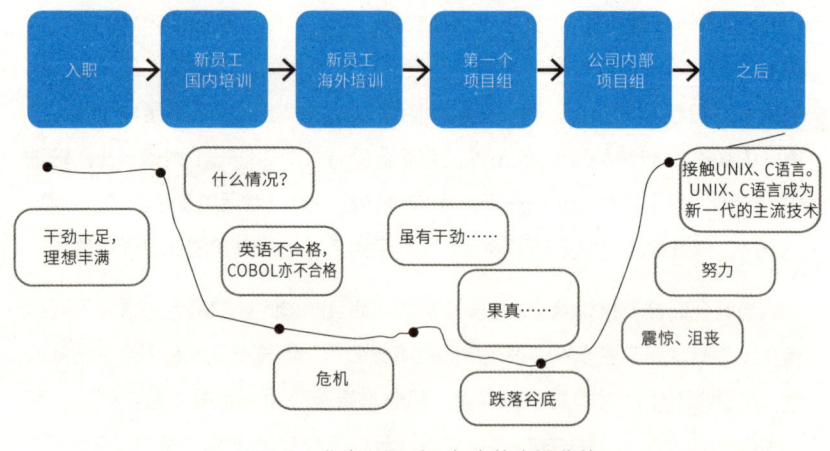

图 2-1 作者入职后一年内的幸福曲线

没有一个项目组会喜欢在新员工培训中表现最差的我,更不用说点名要我了,于是我成了多余的人。虽说如此,公司也不能因为新员工能力低下就不予分配工作。碰巧我符合伦敦分公司(地点在日本)的工作要求,就被分到那个项目组。工作内容需要在当时尚属罕见的类似 UNIX 环境里使用 C 语言,数据库也与新员工培训期间学到的内容截然不同。

与英语及编程的恶战

我在培训时虽然已掉队,但对学到的内容还尚知一二,而被分到项目组后,我发现自己对工作中接触到的内容浑然不知。而且该项目组的核心人物来自伦敦,英语是项目组的官方语言。我的英语水平不可能突飞猛进。

我同时收到用英语编写的 C 语言入门书和程序规格书，毫无意外地遭遇了挫折。用赛马来形容的话，那种感觉就是在闸门打开的一瞬间我就从马上跌落了。我每天早晨第一个上班，自以为已尽最大的努力，但却完全没能成为项目组的战斗力的一部分。

我认为自己对项目组的贡献只有两个：一个是头文件的输入，这项工作任何人都能胜任，只用将手写文件的内容输入电脑。我打字速度极快，所以得以胜任。只是，我对自己是否为这项工作创造了知识附加值心存疑问。

另一个是，因为有外国客户，所以项目组每周五的傍晚要举行名为"感谢上帝，周五到了"（Thank God It's Friday）的联谊活动，我负责采买。不过，这能否被称为工作？略尴尬。总之，我只被安排做这两项工作。

在同年入职的新员工中，我是第一个被项目组退回的。作为接收新人的项目组，大家都明白新人所能胜任的工作不多。但大家也都明白培养新人的重要性，就那样简单地将新人退回，这种情况并不多见。大概是因为我的能力低到尤为突出的程度吧。我记得项目组最后给我的考评简直不能更糟糕了。

更让我痛苦的是，因工作能力极低，我发现人们都在渐渐离我而去。

在每个人都竭力做事、紧张竞争的情况下，人们往往无暇顾及他人。假设看到有人溺水，如果去施救，就很可能会导致自己也跟着溺水，人们就不得不选择坐视不管。而如果眼看有人溺水却不去施救，善良的人会受到良心的谴责。于是，出于无奈，人们会选择离开总是处于溺水状态的我。身边的人越来越少（至少我是这样感觉的），我感到了强烈的孤独，痛恨自己的悲惨境地，也对那些离我而去的同事满怀歉意，因为我知道原因在于我自己。

偶然间学到的新技术，竟成新时代主流

被项目组退回后，我怀着巨大的沮丧和对自己的失望，和当时的人事部部长进行了面谈。我打算就自己辜负公司的期待而向人事部部长致歉。然而，在我致歉前，人事部部长开口说："米泽，很抱歉，我知道可能会是这样一种结局，但当时必须派一个人去那个项目组，派你去就是凑人数。接下来你打算怎么办呢？"

我回答说："现在再去 COBOL 项目组肯定还会掉队，我好不容易积累了一些 C 语言和关系数据库的经验，如果有能学习这两种技术的地方，我想去。"

没有哪个客户的项目组肯接纳我，最后我被公司内部一个研究彼时尚不知名的 UNIX 系统的组织所接纳。我深感自己对信息技术知识的严重欠缺，于是将可支配收入的大部分花在购买计算机相关的书籍和杂志上，且如饥似渴地阅读。每个月我最多购买并阅读约 20 本杂志。公司内部组织的前辈也给予了我热心的指导。

这期间，我的知识结构发生了变化——之前相互独立的知识点开始有机结合，就像由点成线、由线成面那样形成体系，我开始可以用自己的语言说明技术内容了。

在理解技术内容之后，我也愿意与周围的同事交流了。每个周六，志同道合者齐聚一堂，举办学习会。虽然我们当时还是用记号笔在投影机的透明胶片上画图来进行说明，但是学习会令我受益匪浅。

我还以演练新技术的形式组织了 UNIX 和 C 语言的培训。为了能向他人讲解，我必须做到准确地理解讲解内容，并能用自己的语言加以说明。我觉得组织培训的经历使我对 UNIX 和 C 语言有了相当深入的理解。

这时候，时代发生了变迁，主流技术居然从"主框架＋COBOL＋阶层式数据库"变为"UNIX＋C 语言＋关系数据库"这一组合。

这个组合正是我于偶然之中接触到并在公司内部组织中学习过的内容，甚至可以换个说法，时代终于跟上了我的步伐（笑）。这只是幸运而已，完全事出偶然。

其结果是，前辈们从现在开始必须迅速掌握的新技术，我恰巧提前学到了，因此开始得到一些工作上的机会。之后，在较长的时间内，我因为掌握了新技术而被年轻的同事们视为至宝，有了一展身手的天地。

之前正是因为我是"无人可比"的掉队生，所以未能从事当时的主流工作，只能走向非主流。做非主流的工作也未能善终，我很不光彩地在同期新人中第一个被项目组退回。在那之后，我在接纳我的组织中的确很努力。但是，这些都不是我之后事业顺利发展的原因。

真正的原因是，我偶然学到的新技术，恰好成为新一代的主流技术。

只能说"塞翁失马，焉知非福"。如果我的能力只是一般程度的差的话，我肯定就成了一个半斤八两的 COBOL 程序员，数年后放弃从事的工作。正因为是一个无人可比的掉队生，我才有了接触新技术的机会。我不知道其中的关键因素是什么，只能庆幸，在最坏的情况下，我没有自甘落后吧。或许正因如此，我相信自己邂逅的新技术很可能为我带来好运，于是也乐于迎接这项挑战。

我的职业生涯始于危机。但是，如果没有那场危机，就不会有我的今天。即便乍一看，我似乎有陷入不幸或落后于潮流的时候，但只要不甘消沉，继续前行，不利因素便有可能转化为意想不到的幸运降临的契机。这是我入职后不久体会到的一个重要哲理，而且对我影响至深。

我正因为有这样的经历，才能在成为新员工培训负责人后，对在培训中没能发挥能力的年轻后辈做到现身说法。

事实上，我能在庆应SDM设立之初就担任讲师，正是缘于当时埃森哲一个仰慕我的新员工将我介绍给其学生时代的恩师。这真是不可思议的缘分。

我很珍视这样的缘分，今后也会一如既往地珍视。

> ◆ "塞翁失马，焉知非福。"危急时刻不甘消沉，尽全力向前冲，可能就会遇上好运。
> ◆ 珍视缘分。

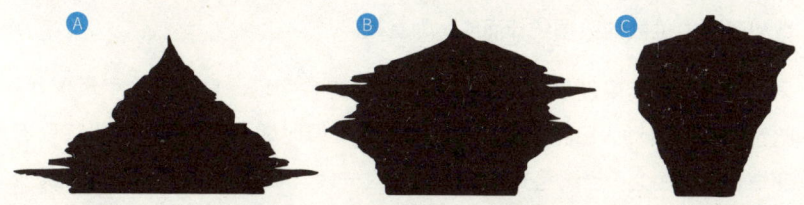

图 2-2 这是什么图形的剪影呢？

日本面临的超级难题：人口问题和少子老龄化社会

此处稍微改变方式，做一个简单的智力游戏。

请猜猜图 2-2 中这三个剪影分别是什么。

这三个剪影都是非对称图形，有些许变形。从高度上来讲，B 比 A 高，C 比 B 高。B 的面积最大，其次是 A，C 的面积是 B 的三分之二。

乍一看，A 和 B 像海螺，C 像在南方常见的一种贝类（凤凰螺的同类）。但是，这个判断完全失误（当然啦）。

我在课堂上提出这个问题时，有几名学生很快就回答说这是人口年龄结构金字塔，但没有学生能全部回答正确。当时我没有描述上述三个剪影的高度和面积，所以这个问题可能有些难以回答。

事实上，A、B、C 均是以日本的人口年龄结构金字塔为基础绘制的图形。

A 是以 1960 年的数据为基础，B 是以 2010 年的数据为基础，C 是以 2060 年的预测数据（由日本国立社会保障人口问题研究所使用的出生中位数和死亡中位数的数据统计而成）为基础。

A是经济高度发展时期的人口年龄结构金字塔，真正呈金字塔形状，暗示之后的劳动人口将不断增加。在高度发展时期，日本经济得以实现迅速增长，理由之一当然是支撑那个时代的一代人（正是我父母那一代）努力工作，但事实上主要原因是人口的不断增长。

B比A晚50年，此时人口总数接近日本历史上的峰值。与年轻人口相比，中年人口和老年人口也接近峰值。C比B晚50年，老年人口占很大的比例。

人口年龄结构金字塔接近A图形的国家，只要具备一定的条件，就有望实现经济发展。A模式能确保足够的劳动力，并能照顾占比不高的老年人口。纵观历史，这样的国家因劳动力成本低，有机会承接来自世界各国的生产任务，其主要生产模式是少数品种的大规模生产。

在人口年龄结构金字塔与B相似的国家，老年人口超过年轻人口。与A模式国家相比，B模式国家支撑老年人口的劳动力数量相对不足。在从A模式向B模式演变的过程中，国家的经济状况有所改善，教育设施随之进一步完善，但带来的结果是，劳动者薪资水平上升（劳动力成本上升），致使该国的劳动力成本失去国际竞争力。同时，（因教育设施完善，国民受教育程度提高，与A模式时相比）生产劳动中的脑力劳动比例有所上升，生产模式由少数品种的大规模生产转变为多个品种的少量生产。另外，因年轻人数量不足，劳动力不足的问题与日俱增，而且老年人口的照护问题也日趋严重。未来将有越来越多的劳动年龄人口因需要照顾老人而不能参加生产劳动。在劳动力本就不足的情况下，照护问题的出现使这一问题变得更为严重。

日本人口年龄结构将成为世界首个"倒金字塔型"

人口年龄结构金字塔为 C 的国家尚不存在。日本估计会是世界上第一个接近这个图形的国家。在这样的人口年龄结构金字塔的国家里，如果实施与目前同样的制度，将发展成为"少数劳动年龄人口支撑多数老年人口"的模型。

照护问题将更为深刻，很多人尽管身体健康，具备劳动能力，却有可能因肩负照护义务而无法充分参加生产劳动。那个时代的劳动年龄人口的工作模式必须是育儿、照护和工作（夫妇双方均工作）三者并行。

目前，各种公共机关实施的调查均将 65 岁定义为（前期）老年年龄。这是因为，1960 年调查结果公布时，男性平均寿命为 65 岁（女性平均寿命为 70 岁）。考虑到目前的平均寿命远远高于 1960 年左右的平均寿命，应该对"老年人口"这个定义本身做相应的调整。

也就是说，按同样的逻辑，现在将"老年人口"定义为"80 岁以上的老年人"也不足为奇。只是，这个逻辑是否正确另当别论。从本质上讲，应该从"健康寿命"（不存在健康问题、生活能自理的年龄）来考虑。顺便说一下，2013 年日本男性的健康寿命为 71 岁，女性的健康寿命为 75.5 岁。

比较目前的健康寿命与平均寿命即可看出，人们在生命的最后十年往往是需要被照护的。假设人们平均 30 岁起开始育儿，由健康寿命推算，人们从 70～75 岁开始需要得到照护，而此时，子女处于 40～45 岁，正值事业高峰期，是在公司担当重任的年龄。也就是说，子女们需要在事业高峰期的重要时刻兼顾父母，同时，下一代正值 10 ～ 15 岁，他们在青春期的教育问题也是另一个重担。为了兼顾育儿、照护父母和工作，如果不从现在便开始探讨合理的制度和工作方式，将很难拥有一个从容的未来。

然而，我们目前好像并没有对将来接受照护的群体采取相应的措施，不仅在身体层面上如此，在精神层面上也如此。人们年轻时兢兢业业地工作，晚年离开了工作第一线，在未来的日子里还将失去共同生活多年的伴侣，成为孤家寡人。为了能让这个群体坦然面对巨大的环境变化，我们应采取相应的措施。

顺便说一句，即便我们不针对老年人口精神层面采取相关的措施，我相信，大家只要能掌握本书所阐述的"幸福思维／幸福导向"，就能从容且妥善地面对晚年生活。

即使年龄超过平均健康寿命，只要做好相应的准备来保障身心健康，就不会给下一代带来困扰。然而，目前几乎没有一家公司或自治体针对 50 岁以上的群体制定相关对策和援助措施，事实上，这些措施很有必要且应该立即开始实施。

70 岁后再开始努力延长健康寿命的效果是有限的。然而，若能提前 10 ～ 15 年开始，则足以做好充分的准备。为了拥有幸福的晚年生活，每个人都应该尽早开始准备。每一位国民都不应把这些问题寄希望于他人，而是将其作为自己即将面临的问题，周密地思考并付诸行动。

> 🔖 有与人口年龄结构金字塔的形状相匹配、合理且高效的工作方式。在人口持续减少、老年人口超过劳动人口的时代，国家不应该采取与人口持续增加、经济持续增长的时代同样的政策。
>
> 🔖 从平均寿命和健康寿命的角度考虑，正值盛年的 40～45 岁开始照护父母的可能性比较高。必须从现在开始认真探讨能使育儿、照护父母和工作同时进行的制度和工作方式。
>
> 🔖 将来接受照护的群体现在应立即采取相应的行动。为了晚年身心健康，如果能从 50 岁开始做准备工作的话，效果可期。

顺便说一句，课堂上有一个学生回答说 A 是印度的人口年龄结构金字塔，虽然他没有答对，但其目光相当敏锐。印度 2010 年的人口年龄结构金字塔与日本 1960 年的人口年龄结构金字塔形状接近。另外，日本 2010 年的人口年龄结构金字塔会与中国 2050 年的人口金字塔形状类似。在人口结构方面，中国的短期未来将如实显现出之前实施的独生子女政策的影响。

根据国立社会保障人口问题研究所的统计，日本的人口在 2048 年将跌破 1 亿，65 岁以上人口占比将达到 38%（2017 年占比为 28%）。2048 年，80 岁以上人口占比将达 15.8%，即每 6～7 个人中就有 1 个人年龄在 80 岁以上。80 岁以上人口占比在 2017 年为 8.7%，在 2048 年将翻番。届时，如果我仍在世的话，我将是 80 岁以上的老年人中的一员。

毫无疑问，在世界范围内，日本将最早面临超老龄化社会。虽说医学和信息技术的进步将促使人们的工作方法和工作方式发生变化，但是，除非采取相当大胆的移民政策或提高生育率等政策措施，否则，未来人口年龄结构金字塔的形状将不会有太大的改变。

我想告诉大家的是，这一人口变化趋势是必然的，而且日本未来的人口年龄结构金字塔形状将是人类社会前所未有的。如果继续与目前同样的思维方式和工作方式，日本将成为一个老年人口非常多、活力欠缺的国家。

作为世界一员的日本，届时无论从人口方面还是从经济方面，都有可能远不如现在。虽然国际地位也重要，但更重要的是国民是否幸福。我认为，如果不采取任何措施，在几十年后的日本，能幸福生活的人将是极少数。没有人会期待一个那样的未来。

对于几十年后将切切实实到来的深刻问题，我们似乎并没有严肃对待。因此，从此刻起，所有人有必要将其作为自身将面临的问题，开始认真思索，采取相应的行动。

> 🔖 日本在不远的将来，将迎来迄今为止人类未曾经历的超老龄化社会。面对切实到来的深刻问题，不做好充分的准备将无从选择。所有人都有必要从即刻起，开始认真思索，并采取相应的行动。

发展教育，才能让更多的人实现幸福

我认为，在所有投资行为中，教育是回报率最高的，尤其是针对年轻人的教育，效果非常显著。考虑到目前的平均寿命，20 岁大学生所学的知识，如在人生中持续运用，至少可以持续 60 年。除了教育，没有第二种能够在长达 60 年的时间里持续发挥积极影响的投资行为。

教育可以成就一个年轻人的幸福，这个年轻人会向周围的人和子女分享自己的成长经历。之后，他的下一代也同样会因良好的教育而生活得更幸福，并将此人生经验向其子女传授，如此这般代代相传下去，从长远来看，将对社会产生深远的影响。

幸福人士的数量增长将有助于提升国家整体的魅力。另外，幸福的状态能提高生产效率。

除此之外，很多企业虽宣称重视培训，但业绩不佳时，常常率先削减培训开支。其理由是培训成果转化周期长、回报难以明确计量等。此外，好不容易实施了培训，可如果员工将来另谋高就，投资就无法产生收益，也成为企业削减培训开支的理由之一。然而，如果从广义的角度来看，这个世界上的优秀人才增多终归不是坏事，所以"担心员工离职"不能成为企业忽略培训的理由。而加强培训，让员工真切地感受到成长，员工也就不会那么想离职了。

不过，我认为目前的企业培训依然有所欠缺。目前的企业培训完全是在经济高速增长时期为了追赶欧美诸国而实施的培训。而在当下这个年代，出现了很多新的不确定因素，不应再继续实施与之前几十年相同的培训。

目前企业培训中的主要内容依然是传授既有经验，而我们更需要思考、提高的，其实是在哪里、怎样开辟出新的道路。与经济高速增长时期相比，如今的时代背景、国际关系、信息技术水平和自然环境等方面的条件都发生了变化，所以旧的培训模式早已不再适用。

在过去的十几年里，时代发生了急遽且显著的变化。人类历史上虽然也曾发生众多变化，但近十余年的变化尤甚。如果同样的问题反复出现，那么只要掌握对应的解决方案，无论该问题出现多少次，我们都能应对自如。但如果是以往未曾出现的全新问题在未来接踵而至，我们就没有现成的解决方案可以借鉴了。

因此，我们必须学会一种能帮助我们找到解决方案的思维方式，学会思考，学会准确地向他人表达自己的想法。

> ◆ 时代在变，行之有效的教育方法也得变。
> ◆ 解决方案可循环利用的可能性很低，但思维方式可以循环利用和有效运用。

开创更美好的未来所必需的三要素

我认为日本有其他许多国家所不具备的优势和特征，如文化（不仅限于传统文化，也包含动漫文化）、自然风光、干净的环境、做事精确的习惯、较高的生活文化水平、良好的治安、较高的国民基本教育水平等，不胜枚举。

日本个别方面虽然正渐失其优势，但仍具备较强的竞争力。只是，日本的这些优势似乎未能恰如其分地为海外的人们所知。

为了向外国友人传播日本的优势，每位日本国民必须先充分理解祖国的优势。因为对自己都不认同的事情，是很难做到让他人认同的。发扬优点、承认不足、改正错误——这些看似再正常不过的事情，的确需要切实地坚持做下去。

我希望日本未来能成为比目前更受尊重和重视的国家。而且，我们要把日本建设成为一个有魅力的国家，能聚集全世界的优秀人才，我认为，这是解决人口问题、劳动力不足问题的关键。为了让我们的子孙后代拥有比现在更好的生活，我们有必要多多思考并付诸行动。

实现这个愿望的关键，我认为，是本书所阐述的项目管理技巧、本质把握能力、幸福思维/幸福导向。我相信，通过掌握这三个要素，大家能建立新时代所需要的思维模式和决策模式，奠定发挥优秀执行力的基础。

> ✎ 教育才是切实地拥有美好未来的唯一途径。
> ✎ 掌握项目管理技巧、本质把握能力、幸福思维/幸福导向以应对新时代，本书即为起点。

PART

3

何为项目管理

项目管理式生活的三大支柱

本书内容有三大核心支柱。

第一根支柱是实施项目管理所需的技术支柱——项目管理技巧。项目管理技巧是项目管理的核心人物即项目经理（简称"PM"）所必需的，同时也是参与项目的全员所应具备的。我们日常生活中的事务虽不能被称为项目，但项目管理相关的技巧中有很多都可以灵活运用到日常生活中。

项目和项目管理技巧

究竟什么是项目呢？

根据美国项目管理协会（PMI）的定义，项目是"为了创造独特的产品、服务及成果而在一定的时间内实施的工作"。我把它简单理解为"在一定的时间内为了实现某种特定的目的而进行的活动"。

并非所有的公司常规业务都可以被称为项目，但如果设定了特定的目标和完成期限，常规业务也可以被视为项目。我们的人生和生活，只要有特定的目的、目标和期限，就能被视为项目。

> ◣ 将人生和生活视为项目，灵活运用项目管理技巧。

我认为，人生的终极目标是幸福，期限是一生。通常我们可以将人生分为几个阶段，并在每个阶段设置特定的目标。

应试学习和资格考试备考可以是项目，个人爱好也可以是项目。比如，假设最近 10 场高尔夫球的平均总杆数是 100，于是，设定一个"一年内将最近 10 场球的平均总杆数降至 90"的目标，这也是一个值得为之一搏的项目。

因此，为了实现一年内的这个目标，当前应制订一些中间目标，比如"半年以内，一场球的界外次数不超过 1 次"或"半年以内，把推杆数控制在 30 次以内"等。同样，为了实现小目标而努力的过程也可以被视为项目。

设定目标之际，需要注意如下几点：

- 目标必须是具体且清晰的，无须详细解释（比如"高尔夫取得进步"这样的内容就需要详细解释，而"最近 10 场球的平均总杆数"这个内容较为具体，如果进一步定义球场难易度的话，则无须进一步解释）。
- 目标必须是可以衡量的（判断目标是否实现时，不是通过主观判断，而是通过总杆数、推杆数、界外次数等标准来衡量）。
- 目标必须具有可实现性（设定的目标必须是借助可利用资源和人才可以实现的，否则就失去了设定目标的意义）。
- 目标要反映人的积极追求（幸福是一个宏大的目标，设定一个令人心生不悦的目标有悖情理）。
- 目标需具有明确的期限（明确何时开始、何时结束当然很重要）。

选取上述五个要点的英文单词——specific（具体的）、measurable（可衡量的）、achievable（可实现的）、relevant（相关的）、time-bound

（有时限的）——的首字母即构成单词"SMART"，因此，这些要点也被称为"SMART法则"。虽然构成"SMART"的具体单词有多个版本，但其本质（目标应具备的特征）是相同的。

> ✎ 遵循设定恰当的目的、目标的原则。（SMART法则／原则）

掌握了上述原则，我们会发现，生活中也有许多事情可以被视为项目。

而且，如果说所谓的项目管理技巧就是为了使某个项目顺利进行所需的技巧的总称，那么，项目管理技巧还有很多发挥影响力的机会。

接下来，我们将提高球艺视为一个项目来进行分析。

如图3-1所示，在201×年1月份这个时间点，打高尔夫球的平均总杆数是115杆，以"5年后将平均总杆数降至90杆内"作为项目目标。因此，项目的期限和目标如下：

- 期限：自201×年1月起5年整。
- 目标：在难度指数70以上的球场，将最近10场球的平均总杆数控制在90杆以内。

在我的记分牌上，记录着每个球洞的发球台开球（第1杆）的结果、界外次数、沙坑击球次数、罚球数、推杆数等。通过收集这些信息，我能认识到自己在哪个方面有何种程度的不足。

总杆数

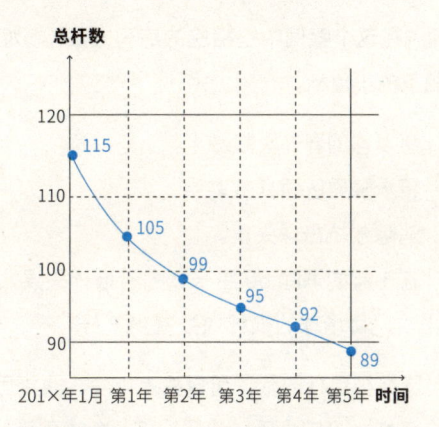

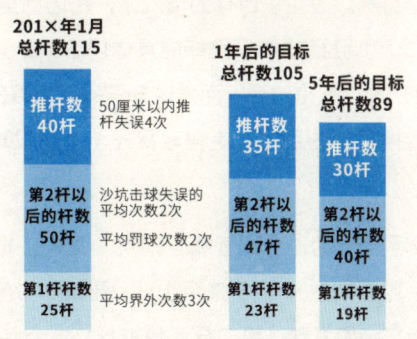

- 115 (201×年1月)
- 105 (第1年)
- 99 (第2年)
- 95 (第3年)
- 92 (第4年)
- 89 (第5年)

201×年1月 总杆数115
- 推杆数 40杆 — 50厘米以内推杆失误4次
- 第2杆以后的杆数 50杆 — 沙坑击球失误的平均次数2次；平均罚球次数2次
- 第1杆杆数 25杆 — 平均界外次数3次

1年后的目标 总杆数105
- 推杆数 35杆
- 第2杆以后的杆数 47杆
- 第1杆杆数 23杆

5年后的目标 总杆数89
- 推杆数 30杆
- 第2杆以后的杆数 40杆
- 第1杆杆数 19杆

图 3-1 提升高尔夫球艺项目——将 5 年后的平均总杆数控制在 90 杆以内

很显然，于我而言，控制总杆数的关键是减少发球台击球的界外次数、沙坑击球失误、水障碍区罚杆和短距离推杆的失误。对这些情况不做记录则难以掌握。提高短距离推杆水平的练习和控制发球界外次数的练习是完全不同的，差别之大甚至可以称这两种练习为完全不同的运动。

因此，如果只是单纯地设定"1 年后降低杆数"的话，就不会采取为实现目标所需的行动（在这个案例中是相应的练习方法）。为了采取具体的行动，有必要设定如下的小目标。

- 小目标① 将发球的界外次数减半。
- 小目标② 将水障碍区罚杆数减半。
- 小目标③ 消除沙坑击球失误。
- 小目标④ 在1年内消除50厘米以内的推杆失误，1米以内的击球次数从2次减至1次，每场球的推杆次数减少5杆。

5年后的杆数是终极目标的话，可以将1年后、两年后、3年后、4年后的杆数设定为小目标。设定小目标的情况下，在达到第一个小目标之际，可能需要调整第二个小目标或终极目标的具体内容，这是因为，可能某个方面（比如推杆数）难以取得进步，而发球却取得了显著的进步。这种情况下可以将第二年的推杆数的目标设定得轻松一些，将发球界外的目标设定得严格一些。

在掌握"采取哪些行动，会改善哪些情况"之前，把小目标付诸实施很重要。为了使平均总杆数从115减至105，要具体考虑能在哪个方面取得何种程度的进步，比如发球、第二杆还是推杆；这个目标是否现实（即便不能在1年内将推杆数减少10次，但有可能减少短距离推杆失误的次数）；为了实现这个目标，应该采取哪些行动（如每天在家中练习短距离击球）；等等。

在实际行动阶段，以1年为单位的目标期限恐怕过长，那么可以根据情况以月、周甚至天为单位制订行动（练习或打球）计划。而且，对每场球都要记录相关数据，以此验证制订的计划是否正确。

这就是项目管理。

另外，虽然此处未提及打高尔夫球涉及的费用和时间，但如果介意这些方面的话，不仅对打球的内容，还需要对练习时间、打球时间、费用等进行管理。

对这些要素逐一探讨，为实现最终目标对其做出调整，这就是项目管理技巧。

本质思维和本质把握能力

项目管理的第二根支柱是本质思维，或称"本质把握能力"。

目前，我在庆应大学也开展以本质思维或本质把握能力为主题的教学。我认为，为了在这个时代幸福地生活并开创更美好的未来，有几种能力是必需的，而其根源的重要能力就是本质思维或本质把握能力。

目前我们身处一个巨大转折点上，许多前所未有的事情发生了，过去的很多经验不再奏效。在旧日经验失去效力之时，我们只能相信把握本质的能力，即正确理解、周密思考目前正在发生的事物，不被事物的表面现象所迷惑，唯有看透本质才能做出正确的判断。

伴随信息技术的进步，人们通过网络获取的信息越来越多，但恶意信息也随之增多。于是，识别真伪尤为重要。

另外，信息技术的进步令人惊叹，很多目前未能实现的事情都会逐渐实现。尤其是人工智能，它的进步超越人们的想象，比如在将棋领域，人类居然会被计算机打败。

将棋软件 Ponanza 在人机大战中，两次战胜将棋冠军之一的名人佐藤天彦。Ponanza 在经历数百万次与自身的对弈之后，不断进步，用出了人类尚未用过的招数。据说，如今棋手们正在研究其招数。

现在，有深度学习功能的人工智能正不断成为人类研究将棋的榜样。将棋比赛中，棋手可以将吃掉的敌方棋子重新放回棋盘，变为己方棋子，使棋局富于变化，因此，曾经有人说计算机难以战胜人类。如今，计算机的性能有了显著的提升，处理速度不再是问题，它在一瞬间就能预测数十步，而通过高达数百万次的模拟比赛掌握的招数，更是人类大脑难以企及的。

正如 Ponanza 的开发者山本一成所言："Ponanza 为什么会变得如此强大？我自己也不知道。"人工智能（深度学习功能）不断学习并进步。信息技术已超越了我们的大脑，我们甚至可以认为，我们的大脑已成为人类进步的瓶颈（影响整体效率的部分）。

人工智能正以超乎人类想象的速度进化，但如何利用人工智能的成果则由我们人类来决定。人工智能（灵活运用深度学习功能之后）虽能产生特定的成果，但无法让人们看到它所遵循的依据。大概有一些人会因人工智能无法履行这样的说明义务，而不接受人工智能。

当今社会，不仅存在人工智能进化的现象，还出现了人类过去不曾面临的很多现象，如少子老龄化、气候反常、恐怖事件的增多、民粹主义的蔓延等，在这种情况下，我认为本质把握能力或本质思维变得更为重要。

> 🔖 正因为身处无法预测的时代，所以本质思维或本质把握能力更加重要。

幸福思维和幸福导向

项目管理的第三根支柱是幸福思维或幸福导向。

正如前文中已多次提到的，我认为，大家应以自己及家人是否幸福为中心对事物进行判断。这是因为人生的终极目标是幸福。

当然，不同的人对幸福的定义有所不同。因为自己幸福，就认为身处同样境地的他人也幸福，这其实是一种误解。每个人都有各自关于幸福的定义和价值观，判断一件事是否符合自己的定义和价值观，然后采取相应的行动，这才是幸福的要义。

令人意外的是，很多人似乎并不了解自己"对幸福的定义""掌控幸福的重要因素"和"关于幸福的价值观"。

> 🔖 努力把握自己"对幸福的定义""掌控幸福的重要因素"和"关于幸福的价值观"。

还有一个常见的现象，那就是，人们似乎常常忘记幸福是由自己决定的。

拥有属于自己的对幸福的定义和价值观，做出与之相符的判断，再采取相应的行动，自己决定自己的幸福。我认为，这便是人生的全部，没有比这更重要的事情。然而，不少人被他人的评价或目光所迷惑，有时会扭曲自己对幸福的定义和价值观。要知道，自己的人生和生活应由自己规划。

> ✎ 一个人是否幸福，该由自己决定。

另外，也存在混淆手段和目的的情况。

比如，关于金钱。金钱很重要，但它只是一种手段，仅仅拥有大量财富未必幸福。比如，坐拥数百亿资产却一生无权支配，这样真的幸福吗？

相反，几乎没有收入，但家庭美满，生活上自给自足，能够享受美食，岂能谓之不幸福？

金钱是获取某种商品或服务的有效手段，但不是幸福的本质。另外，如果缺少健康这一要素，幸福感也会明显降低。而且，用金钱买不来的东西往往弥足珍贵。毫无疑问，自己及家人的健康是承载幸福的重要因素。

同样，家人也无法用金钱交换，可以说其存在本身就支撑着我们的幸福。也就是说，自己的家人不是手段，而是幸福的本质。

同样，我们来思考一下工作的本质。

对某些人来说，工作是"价值"的体现，也是其"生存意义"，在工作中，与同事或客户共享同样的空间和前进方向就能感到幸福。

对另一些人来说，工作无关喜好，只是为了生活而获得收入的一种手段。在这种情况下，工作不再与价值或生存意义联系在一起。金钱是获取幸福的手段，而工作则是获取金钱的手段。

工作因为是"获取手段的手段"，所以与幸福的本质相差甚远。一个事物越接近个人所定义的幸福的本质，其优先级别就越高。相反，如果因某种原因，不得不按与自己原本的优先级别相反的顺序来行动的话，人就会感受到巨大的压力。

现实生活中也存在因公司命令而不得不做与自己意见相左之事的情况。

你的工作中包含的关乎你自身幸福的要素（个人成长、下属成长、客户成功、有同事与自己分享成功的喜悦、对所从事的工作感兴趣）越多，你就越能从工作中感受到幸福。

工作对多数人而言，都是一件倾注大量时间的事。至于只将其作为获取手段的手段，还是将其作为个人的幸福因素，虽然每个人都有自己的选择，但这里还是倾向于建议大家选择后者。

理解自己所定义的幸福本质，并采取使自己幸福的行动，这就是幸福思维或幸福导向。

> 🔖 请勿混淆幸福本身和获取幸福的手段。

本质思维
本质把握能力

不被事物的表面现象所迷惑，看透本质。

思考事物的本质，使其与个人幸福联系起来。

领会项目管理的本质。

幸福思维
幸福导向

首先致力于使自己幸福。

将技巧灵活运用于生活中，使生活更幸福。

项目管理技巧

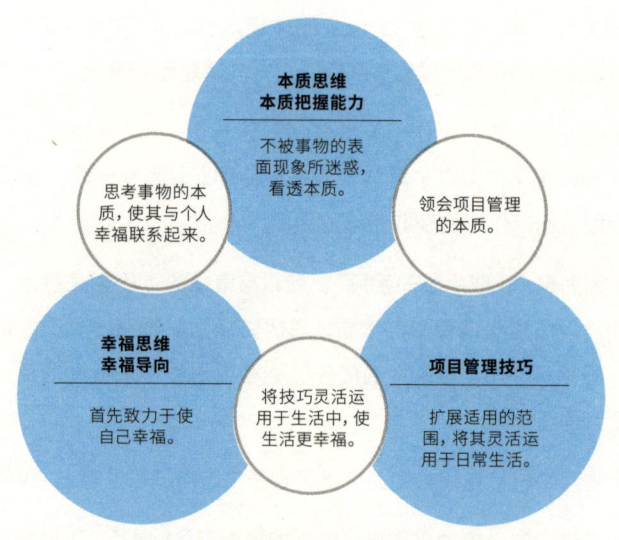

扩展适用的范围，将其灵活运用于日常生活。

图 3-2 "项目管理式生活"的三根支柱

图 3-2 中表示的是上述说明的三根支柱——项目管理技巧、本质思维（本质把握能力）和幸福思维（幸福导向）——的关系。通过将这些技巧和思维方式巧妙融合，实施项目管理，我认为可以提高工作及生活的品质，使人生更幸福。

因此，从下一章开始，我将对这三根支柱做深度的挖掘，以专业知识和具体事例交织的方式，对项目管理的实践方式加以说明。

PART

4

项目管理所需的技巧

项目管理技巧是什么

正如前文所述,我对项目管理技巧的解释是"为了使某个项目顺利进行所需的技巧"。不过,这一解释又有点笼统,所以我想结合目前最为人熟知的分类方法进行简单说明。

因为本书不是介绍项目管理技巧的专业书籍,所以更重视用一种便于大家理解的方式讲解,这里给出的定义或许会与严格的定义存在些许偏差,但绝不会偏离本质。毕竟分类终归只是"表现手段"而已,只要不偏离本质,任何分类都能将项目引向成功。

本章会出现一些或许让你感到有些陌生的专业术语,比起死记硬背,正确理解术语背后所蕴含的概念与本质更重要。

5 个过程组和 10 个知识区域

你或许听说过美国项目管理协会(PMI),这是一个非营利组织,致力于全球范围内的项目管理研究、标准制定、价值倡导、职业认证和学位课程认证,并提供交流平台。由该协会制定和出版的《项目管理知识体系指南》(*PMBOK Guide*)被视为项目管理的国际标准,可适用于许多项目。PMBOK 是 Project Management Body of Knowledge 的单词首字母组合而成的简称。

《项目管理知识体系指南(第 5 版)》将项目管理的相关行为分类为五个

基本的过程组和十个知识区域。

五个过程组：
① 启动过程组(Initiating Process Group)。
② 规划过程组(Planning Process Group)。
③ 执行过程组(Executing Process Group)。
④ 监控过程组(Monitoring and Controlling Process Group)。
⑤ 收尾过程组(Closing Process Group)。

就算是对于未参与过项目的人来说，这些也比较容易理解。简单来说，这些过程组是将"企划、计划项目，然后启动项目并在该过程中确认项目是否按计划进行，同时保证项目的健全运营，最后完成项目"这一项目流程中的各个过程分组定义而成的。

此外，在各个知识区域（详见后文），其实也存在这样的过程组——为实现各知识区域的内容而立项、制订计划、执行计划、根据进展情况适时调整计划、实现目标后结束项目。在这里，我不打算纵向深入剖析某个具体的点，而想谈一谈整体的流程。

我曾在自己的讲义中用"项目管理的基本周期"来解释过程组这个概念，整个项目以及各个知识领域其实都存在着一个由五个过程组组成的周期。

从我的个人经验来看，进展不顺的项目大多是在制订计划之初便存在问题，如项目目标不明确，或设定的目标不符合 SMART 法则，或本来有个很清晰的目标，却在后续开展的过程中发生了偏离。

不仅如此，制订计划时的不当操作也会为项目埋下难以顺利进行的祸根。

合理的做法应该是这样的：一方面，先明确要做的事情，然后预估项目整体所需工时，再参考能够投入的工时和最低所需时间，制订项目周期。另一方面，也可以根据产品的发布时间，来反推项目周期，然后依据此周期确定投入的工时。不过，预估项目的整体工时以及制订适当的计划离不开高超的技巧和以往的实践经验。

仔细了解那些陷入苦战的项目，你会发现，它们或是为了符合预算而给出了较为乐观的估价；或是制订了几乎不可能完成的短工期计划（有些情况下，无论投入多少工时都无法将周期再缩短）；或是表面上看项目人员好像已经安排到位，但其中一些成员兼任数职，无法确保为项目投入充足的时间；再或是将种种问题造成的不良影响强加给子公司、合作公司，严重时甚至会导致子公司、合作公司破产。

提起项目管理技巧，多数人可能都认为其侧重点在于执行过程组和监控过程组，其实，启动过程组和规划过程组的重要性不输前两者。

在收尾过程组中，不仅要与项目成员确认收尾过程是否结束，还要为推动后续项目顺利运营获取信息。

虽然五个过程组分别与后续将要说明的十个知识区域相关联，但并非这十个知识区域都完整地存在五个过程组。大家也不用太过在意"知识区域"这个名称，因为这只是《项目管理知识体系指南》将项目管理划分为十个不同的区域而已。

项目管理技巧从这十个角度去梳理是最广为熟知的，大家只要留心去重点关注与之直接相关的内容就可以了。

十个知识区域：

① 项目集成管理(详见后述)。

② 项目范围管理(明确项目目标并进行管理：通过明确做什么来避免偏离目标)。

③ 项目时间管理(明确项目计划并进行管理：通过明确何时开始、何时结束，使项目如期完成)。

④ 项目成本管理(明确项目成本并进行管理：通过明确所需支出，使项目在预算范围内完成)。

⑤ 项目质量管理(明确项目成果的质量并进行管理：通过明确质量要求，切实制作出符合预期的产品)。

⑥ 项目人力资源管理(明确项目所需技能，管理项目成员的分配与培训等：确定项目成员须具备的技能、须达到的状态，并使他们尽量符合要求)。

⑦ 项目沟通管理(明确项目内外沟通的对象、方法并进行管理：在项目中，沟通非常重要，明确项目相关人员应该如何沟通，并要求他们按规定进行沟通)。

⑧ 项目风险管理(管理项目中有可能出现的风险，避免或减轻其对项目造成的损失)。

⑨ 项目采购管理(从项目外采购物品、服务时，管理从前期交易咨询到合同签订的全过程)。

⑩ 项目干系人管理(为确保项目顺利开展而管理好与项目相关的利害干系人的关系)。

第一个项目集成管理是一种较难理解的表达。简单来说，它综合、管理其他九个知识区域，本质在于为整个项目运营过程中发生的事情做决定，然后让项目按照该决定运营。

在这一环节中，最重要的就是与启动过程组相对应的"项目章程"的制订。

所谓项目章程，就是明确项目为何开展、如何做才能使项目成功、何时开始、何时结束、需要多少预算、项目决策人是谁等内容的文件，堪称项目执行期间至高无上的决策依据。

而更为重要的一点是让所有参加项目的人员都能够理解这个项目章程。其中涉及钱的内容或是不便公开的，可以单独成册，但至少应该让大家明白实施项目的目的、谁是项目的决策者、项目的起止时间、项目的人员编制。只有项目经理一人理解的项目章程是没有任何价值的。

此外，规划过程组中制订的大量项目决策也必须与项目章程契合。与项目章程一样，在各知识区域规划过程组中制作的计划书，原则上也必须让所有项目成员理解。这是项目顺利开展的保障。

当我们将项目管理技巧运用到生活中时，虽不至于说我们也必须做一份项目章程，但至少应该有清晰的价值观，明白决定自己幸福感的要素是什么。因为这些问题的答案其实会在我们的生活中发挥项目章程般的作用，可以在我们迷茫、疑惑时帮我们指出答案。

如果未能按计划进行,须查明原因

各知识区域名称后面括号内的说明是我自己做出的解释,由此可以看出,制订计划、按照计划执行工作其实就是规划过程组、执行过程组、监控过程组的内容。我们不但要了解执行结果是否符合计划,有时候还要在发现项目未按照计划进行时找出原因,然后对症下药。

换一种更便于大家理解的方式来解释,可能有点粗糙,即明确项目范围管理和项目质量管理的工作内容,并对此进行管理。规定好做什么、要达到什么样的品质(以及能否实现)以后,才能推算出所需工时和成本。项目成本管理就是关于成本的管理,只要知道了所需工时,也就可以大概算出所需周期了。在项目时间管理上,我们需要将计划进一步细化,让项目按照更为具体的时间计划开展。

而如何做,则是其他几个知识区域发挥作用的部分。比如,项目人力资源管理的目的在于部署人员,以助参与人员提升工作技能;项目风险管理的目的则在于发现项目潜在的风险,并做好应对准备;项目采购管理则是针对从项目外部采购的物品或服务;项目沟通管理是保障项目顺利开展的重要一环,明确并管理项目相关利害干系人的项目干系人管理也很重要。

很容易被抛在脑后的质量管理

虽然将项目管理技巧运用于生活时,所有知识区域都可以发挥作用,但是其中最直接且重要的知识区域,我认为,当属时间管理、成本管理和风险管理。

其中，成本管理的部分应该和大家所认为的没有太大偏差。硬要说两者有什么不同的话，那就是，成本管理要经常考虑到完成项目要花费多少成本，所以会比通常意义上的金钱管理要求更严格一些。

而容易被我们遗忘的，我认为，当属质量管理、沟通管理和干系人管理这三项。

质量管理的目的在于为范围管理指定的项目目标规定达成的标准（达到怎样的质量才能被评定为项目合格）。

我们往往很容易遇到以下情况：因为质量把控过于严格，而导致工期延长，影响了项目进度；或是因为疏忽了该严格把关的环节而造成了质量缺陷。这些问题的出现，其实都是因为没有预先规定好质量标准就着手质量把控了。

虽然量化质量的确有一定的难度，但若能在动工之前规定好质量标准，还是能减少很多浪费的。此外，在项目沟通方面，如果只通过个人好恶来判断的话，将很容易导致与本应该密切沟通的对象却未进行认真、深入的沟通。

仔细分析问题发生的原因很重要

事先规定好应该以何种频率与谁进行沟通很有用。干系人管理也是如此。梳理出与自己所做事情直接或间接相关的人，然后思考让他们与之相关到什么程度最合适，如此的话，就不会一不小心落下某个非常重要的人。不只是在公司，在需要和很多人交际的场合，比如在与亲戚、社区或某兴趣团体交际时，实施沟通管理和干系人管理都是有必要的。

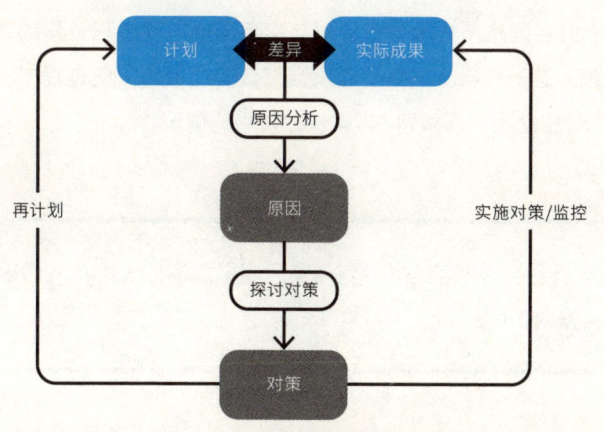

图 4-1 项目管理的基本周期

图 4-1 是我上课时用来讲解项目管理基本周期时使用的。

在这个基本周期中，有两点非常重要。第一个重点是，为了了解计划与实际成果之间的差异，充分了解并掌控实际成果很关键。我看到过太多这样的案例——就算在项目计划阶段制订了周密的计划，但如果未在实施阶段充分掌控实际成果的话，就无法验证起初制订的计划是否真的合适以及实施过程中是否出现了问题。正确掌控实际成果，才能够认识到成果与计划之间的差异。

> 🖊 计划固然重要，但实际成果也很重要。而现实中有很多人并没有充分意识到，掌控实际成果对了解计划与实际成果之间的差距非常重要。

另一个重点则是，找出导致计划与实际成果之间出现差异的原因，据此制订对策。这一点听上去似乎理所当然，但在项目实施过程中，我看到过很多将"对症疗法"误解为"根本性疗法"的情况。

> 🔖 应针对引发预实差（计划与实际成果之间的差异）的原因制订并实施对策。

咨询行业中经常使用一种名为 RCA（Root Cause Analysis）的方法，翻译过来亦称为"根本原因解析法/根本原因分析法"。

简单来说，RCA 就是用于准确地分析为什么会发生某种情况。这里的重点在于"准确"二字，反复思考"为什么"，直到不管怎么思考都得出同样的答案为止。也可以说，这种方法要求我们具备把握问题本质的能力。

我们往往容易被表面上看到的文字、图案、症状蒙蔽本应看穿本质的双眼，比如我们一看到有人咳嗽就会想"可能是感冒了"一样。但是，引发咳嗽的原因并不只是感冒。

而且，感冒可以由各种不同的病毒引起，现实中也不存在任何一种包治百病的万能感冒药。此外，我们常常在自己感冒时服用感冒药，但是事实上，并没有对感冒直接有效的药品。虽然有减轻头疼、帮助退烧的药品，但它们不能从根本上治愈感冒。

尤其是发烧，我们的身体是为了提升免疫力而自发升高体温，这时降低体温反而违背了身体原本的意图。所以，从结果来看，这种做法只会延缓身体的自我恢复。为了避免高烧可能引发的危险而服用退烧药，从紧急预防的角度来说是可取的，但如果不是那么危险的高烧的话，这种方法就未必可取了。

另一方面，如果得知咳嗽的诱因是过敏的话，那么排除过敏原便可以有效止咳。虽然治愈过敏并非易事，但是排除自己周围的过敏原还是有可能做到的。服用止咳药或许的确能瞬间缓和咳嗽症状，但一旦药效尽了且依然存在过敏原的话，人还是会咳嗽，结果，服用止咳药的病人不但有可能因为止咳药的副作用而引发更为严重的症状，还会因为未及时排除过敏原而加重病情。"咳嗽→感冒→机械判断应服用感冒药"导致由过敏原引发的咳嗽症状进一步恶化。

> 🏷 必须进行 RCA（根本原因分析 / 根本原因解析）。应时刻提醒自己尽量避免"打算做某事却因意外原因没有做"这一情况。

虽然咳嗽的例子已经很能说明问题，但事实上，还是会有人在不采用 RCA 的情况下，依据自己的胡乱猜想采取自以为是的"对症下药"。

这是在我担任项目监察的岗位时发生的事情：当时项目出现了问题，我向项目经理询问原因，他回答说，或许是项目工作人员技术水平欠缺或疏忽大意所致。这个时候，尤其需要提高警惕。

```
正确把握  →  采取短期  →  分析引发   →  采取长期  →  制订新计
事实          对策        问题的根       对策        划、新目标
                          本原因

需要可做     包括道歉、防   对策只有针    多数情况是通   确认情况是
出客观判     止二次伤害、  对根本原因    过改善流程和   否较以前有
断的信息     止损等对策     才有意义     培训解决的     所改善
```

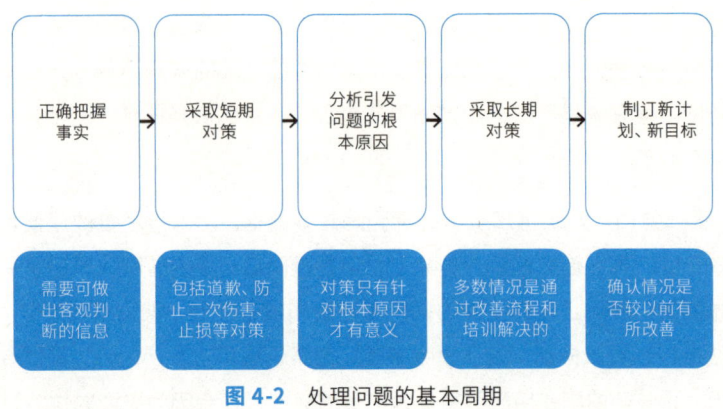

图 4-2 处理问题的基本周期

出现这种问题时,人们通常的做法应该都是警告项目组工作人员,然后当事人心怀歉意地保证"我以后会注意"吧。如果问题比较严重的话,或许会更换项目组成员。但是,在此之后,问题几乎还是会出现。这是为什么呢?

这是因为没有针对引发问题的根本原因制订对策。在 A 员工身上发生过的错误不在 B 员工身上发生的可能性很低,而要证明 B 员工具备 A 员工所不具备的能力也很有难度。

从我的经验来看,大部分问题的根本原因其实都在于员工的培训和操作流程,而并非员工的能力不足或认识不充分。如果没有将绝对不能做的事和必须做的事用书面形式明确表达出来,也没有实施相关培训的话,那么无论谁来负责相关工作,都会出现问题。

在项目中,每有新成员加入,都必须对他们开展培训。此外,还可以

通过使用检查清单、优化操作流程等方式解决很多问题。若遇到重要流程，则需制订一个经由多人反复检查的流程，若能通过机器自动化完成，则尽量不依赖人工，这有助于进一步降低问题发生的概率。

毕竟项目是由人推进的，工作人员再小心谨慎，也有可能出现失误，所以要采取预防对策才行。若想避免由人主导实施的项目出现失误或问题的话，就要注意合理制订流程、制度，实施培训。我敢断言，项目经理如果将问题出现的原因归咎于某个人，那是他根本没有做好自己的本职工作。

此外，在改善项目流程时，还需要说明为何要改善该流程。

因为，类似于给出"默默照做就好"这样的指示而不加任何解释、只命令员工照做的做法，和向员工解释清楚原因的做法，所取得的结果存在很大的差异。充分说明原因，会使完工效果较好且成功率更高。此外，在发生紧急情况时能够恰当应对的，往往是那些充分理解了流程原因的人。

我们在职场、学校、家庭中遇到问题时，往往很少查究根本原因，而只是根据眼前所见的情况寻找解决问题的方法。当事人为什么引发了这一问题？若不站在当事人的立场上思考问题的话，多数情况下是找不到真正原因的。因为对自己而言的常识对其他人而言未必是常识。

可能是当事人故意这么做，也可能是当事人误解了应该做的事情。再或许是，当事人的计划是对的，但因为某些原因而没有顺利进行，这些原因可能是提供的工具有缺陷，也可能是环境条件不允许。不清楚了解这些原因，只一味地批评当事人，这样的项目能进展得很好才是不正常的。

不仅如此，项目组成员的心或许也会因此散了，积极性也会大幅降低。

积极性降低，项目组成员也就很难把经验和学习很好地结合起来，最终失去通过项目进步、提升自己的机会。

> 🔖 不把问题出现的根本原因归咎于某个人的素质和意识乃原则所在。
>
> 🔖 项目组成员即便态度不太积极也能够开展工作，但从项目中学习、进步的可能性很小。

正确的觉悟和行动才是引领项目取得成功的关键

准确掌控事实其实是很难的一件事情。

比如，遇到客户来势汹汹地进行投诉时，恐怕我们中很多人会没有余力去详细了解客观的信息吧。如果平时注意定时、定量地了解相关信息，那么我们就可以对顾客出于愤怒的过激表现做出恰当的应对。但如果没有做过这些准备，我们恐怕就要被客户牵着鼻子走了。

在一些情况下，不了解实际情况就无法解决问题，但通过掌握实际情况来发现问题的先兆，在问题发生之前采取对策以避免其发生，才是最为理想的状态。

项目管理知识体系是项目管理中最广为人知的工作方式，但是"人"的因素被弱化了，我认为，应该融入心理学、人类科学、行为心理学等因素。我自己也打算深入探究一下与"人"相关的领域。

项目管理的本质并非要求人记住各种技术、工具的名称，而是让其具备能促使项目成功的觉悟并采取行动。就算不知道所做程序的名称也没问题，只要按照要求做好，就可以使项目取得成功。

相反，如果没有按照要求去做正确的事，就算能回答出正确的程序名称、组织名称、技术名称，也不可能成功。项目管理技巧不在于记住项目管理中的知识，而在于理解和行动。

当然，行动需要正确的知识、经验做支撑，但是，就算在项目管理的测试阶段取得了较好的结果，如果在实践中没做好的话，也无法使自己的人生这一最重要的项目取得成功。

> ✎ 这是我个人的观点，我认为，应该在项目管理的过程中加入"人"的因素。希望能形成一套融入"人"的因素的更为完善的项目管理知识体系。
>
> ✎ 如果只掌握项目管理的知识而无法采取行动的话，是无法使自己的人生这一最重要的项目取得成功的。将知识转化为行动、让情况发生改变才称得上掌握了真正的项目管理技巧。

管理与领导

"管理"和"领导"这两个词语，常常在讲述项目相关事宜时出现。但是，这两个重要词语的定义往往并不明确。既有将两者作为类似概念的情况，也有将两者概念做明确区分的情况，还有视"管理"为高层次概念、"领导"为低层次概念的情况以及将两者并列为同层次概念的情况。

在这里，我想用自己一直以来使用的思考方法。这种思考方法非常适合我，却不是独一无二的方法。我不太重视称呼，只要本质上正确，称呼是什么就无所谓。

在我的理解中，"领导"是指"为自己领导的团队明确前进方向，并主导整个团队朝着这个方向前进"，可以是直接引领团队前进，也可以是从旁支持、鼓舞团队，在尊重团队意愿的情况下，帮助团队前进。领导的目的应该是使团队团结一致，明确前进方向，并使团队朝着这个方向前进。

而"管理"呢？自己所率领的团队中有不同的成员，且成员彼此间存在差异，管理者需要认识到每个人的不同，把每个人安排在适合他的位置上，明确职责、工作流程，并对他们实施管理。

总而言之，两者的不同之处在于：领导力作用于由人组成的团队，而管理力作用于组成团队的每个人。

管理者和领导者不一定是同一个人。虽然只设定一名项目经理能够形成一套清晰易懂的指挥体系，但管理者与领导者所需资质不同，同时具备两者所需资质的人也极为罕见。

所以，虽然领导方式、管理方式有很多，但我们无法断言哪种方式最好。一般来说，适合做领导的人大多善于表达，能使很多人为之痴迷、疯狂；而适合做管理的人大多具有细致的观察力、冷静的判断力和分析力，且善于使团队工作稳定运作。

我自己曾经想在项目管理中担任领导者和管理者的双重角色。但是，因为我既不完全具备担任领导者所需的一切才能，也不完全具备担任管理者所需的一切才能，所以要与较多同事彼此配合。我当时花费在管理工作上的精力比较多，因为我发现，若不能充分了解每个项目组成员的个性，采用适合他们的沟通方法的话，会很容易弄错向他们了解、跟进情况的时机。

读懂了"领导"和"管理"这两者的定义，就不会忘了"兼顾每个人的特点并根据其特点安排工作"的重要性，以及"为团队指明一个有助于激发团队积极性的方向"的重要性。

只埋头于管理的话，往往容易忽视团队整体的活跃度、大局观、长期愿景。只专注于领导的话，又很难了解实现的可能性、效率、成本以及成员个人的优势和劣势。至少从团队的角度来说，必须同时重视这两者所发挥的作用。

> 🖊 若想使项目取得成功，既离不开领导，也离不开管理。虽然不用让一个人完全具备这两方面的能力，但项目整体应同时满足这两个方面的需求。
>
> 🖊 领导力是指将团队凝聚起来且斗志昂扬地朝着同一个方向努力的能力。管理力是指基于对团队成员特点的认识，合理分工，从而实现团队高效运转的能力。

PART

5

思考与把握本质的能力

什么是把握本质

现在,想象一个明亮的光源和一面巨大的屏幕。

对于处在光源与屏幕之间的任何物体,你都可以在屏幕上看到它的影子。我们平时所看到的表象、表现,就像这个影子。假设一个圆柱体放在光源与屏幕之间,根据摆放角度的不同,这个圆柱体在屏幕上的投影可能是长方形,也可能是圆形,而长方形可能还有两条对边呈现圆弧形态。但是,无论投影形状如何变化,实物其实都没有发生任何变化,变的只是它的影子而已。

把握事物的本质不能只根据看到的影子也就是实物投射出的表象来判断,还要理解其性质、本质。事实上,是某部分人的主观意图决定了光源的选择、与屏幕之间的距离、打光方式等,然后进行投影。所以,了解这背后的意图非常重要。

但是,俗话说"说起来容易,做起来难",我们往往容易被眼前的表象牵着鼻子走。

把握本质的秘诀之一就是抛开眼前的表象并将其抽象化,然后从中抽取出事物本身的特征。

此外,一个现象的本质未必只有一个。

以玻璃材质的透明杯子为例,我们通常认为杯子是用来喝饮用水、牛奶等饮品的工具,但这只说明了它的使用方法,其实玻璃材质杯子所具有的本质应该包括这三点:①一个处于打开状态的立体;②由玻璃材质制成;③透明,可透光。而"喝水的工具"其实只是发挥了玻璃杯第一个本质的

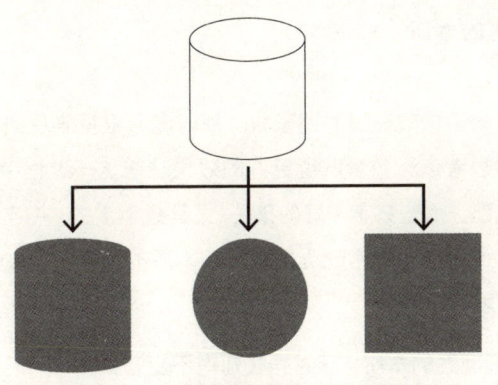

图 5-1 放置位置不同，投影也不同

使用方法。在推理小说中，玻璃被视为凶器，是基于其第二个本质——玻璃材质＝具有一定的硬度，破碎后可作为利器使用。但人们很少会像猜谜一样分析每个物体的所有本质，通常只有在解决某个特定的问题时才会思考与其相关的本质。

其实很多问题没有看上去那么简单，几乎都是由多个问题相互交织而成的。而对于有些看似复杂的问题，我们把问题之间的环扣解开时，却又发现它原来是由一个个简单的问题组合而成的。

> 🖊 仅通过眼睛看到的未必是本质。看的角度、明暗度、所通过的滤镜不同，看法也会不同。所以，要记得，自己看不见的那些部分，其实也很重要。

把握问题的本质

我上大学时曾做过一段时间家教。那时我会根据学生的情况、特点来制订课程，并思考怎么教会取得更好的效果。在这一过程中，我发现了一件事——我发现，那些数学不好的孩子（尤其是小学生、中学生）在遇到自己不太擅长的问题时，常常缺乏把握问题本质的能力，只会来回组合问题中的数字，百思不得其解。

"无法把握问题的本质，苦苦挣扎却得不出答案"——若要让我对此开个处方，那么最重要的一点便是准确理解那个问题"问的到底是什么"。是时间，还是数量？是角度，还是人数？而现实情况是，不少学生真的连这个问题都没弄明白。若不能先解决这个问题，那么，背再多公式、记再多解题方法也是徒劳。

对于这些学生，我首先让他们做一种练习：只回答题目"问的到底是什么"。知道不用答题后（虽然后面还是要答题……），学生们瞬间轻松了不少。他们习惯这种练习后，便能够自然而然地回答这个问题。当他们清楚地了解"问的到底是什么"以后，我开始试着让他们解题，结果有人一下子就得出了正确答案。学生仅仅通过冷静思考"问的到底是什么"便得出了正确答案。仔细想想，这真是挺不可思议的。

我碰到过走入社会后依然无法正确回答问题的人，而且这样的人还不少。我问"还需要几分钟才能做完这件事"，对方却答"我立刻着手去做"；我问"这件事你能处理吗"，对方答"问题的原因是……"。

当事人虽然的确认真回应了，却显然没有正面回答问题。在我的英语不太好的时候，我曾去澳大利亚工作过一段时间，因为尚且做不到完全听懂他人的提问，所以只能通过猜测大概意思或是联想相关信息做出回答，有时甚至有过"糊弄一下得了"的想法。因为我无法明确理解工作指示的全部内容，所以对于那些不确定是否是安排给我的相关工作，我只能全部做完，不敢遗漏。想必我的澳大利亚同事也能感觉到我的英语不太好，所以总是主动从我条理不清的回答中找出他们想要的答案。

但是，如果两位同用日语交流的日本人之间频繁出现这样答非所问的情况，那就实在有些不可原谅。至少对于"还需要几分钟才能做完这件事"这样的问题，应该回答"还需要××分钟"吧？如果实在不确定，也应该回答："抱歉，因为我目前还无法确定，所以××分钟后再回答您吧。"

> 🖉 不能准确理解"问的到底是什么"时，那就先搞清楚这个问题，再去寻求问题的答案。
>
> 🖉 养成准确把握"问的到底是什么"并正确回答问题的习惯，这能帮我们锻炼本质把握能力。

再举一个关于问题本质的例子：

A因许久未回老家了，打算回去看看，可是回到老家后发现自己儿时家里就有的一件老物件依然摆放在家中。A明明已经买了可替代它的新物件，也实在不认为它还有被派上用场的时候，于是心想："为什么还没扔掉它？"诧异之余，A准备处理掉它。可是，年迈的母亲（假设这里是母亲）并不想扔掉它，说这物件还能用，坚决不许 A 这样做。A 好不容易回了趟老家，可时间却在母子的争执中悄然溜走——这是我们常常听说的家庭分歧之一。

　　为什么会出现这样的意见分歧呢？把问题归咎于其中一方是很容易的，但这样做解决不了问题，还会让彼此在难得的相聚时光中不欢而散，所以这样做是让双方都不开心的错误选择。认为自己讲的道理很正确，劝说别人认同自己的想法，可如果对方完全是从另一套道理的角度思考问题的话，那么无论你怎么讲自己的道理，都不会取得任何效果。

　　如果是因为母亲年纪大了，头脑不如以前灵活了，不知道这老物件已经根本用不上了，甚至不知道家里已经没有地方放了的话，那么，向母亲简单易懂地说明原因——"因为家里已经有东西替代这些不再需要的东西，所以可以把它们扔掉"，或许能获得母亲的理解。

　　但是，此事在多数情况下并非母亲头脑不如以前灵活所致，而是因为母亲思考问题的重点和孩子思考问题的重点出现了错位。孩子考虑的是"放着已经用不上的东西只会占用家里的空间，影响家里的美观"，可母亲考虑的是"我一个人生活，家里空间足够用，而且偶尔来家里做客的也就是回家探亲的子女，所以美不美观无所谓"。

　　难道母亲真的需要那些老物件吗？难道母亲真的不想扔掉它们吗？多数情况下其实不然。母亲当然明白那些道理，但是她也知道还有比那些道理更重要的因素需要考虑，所以才坚持不扔。

　　母亲不愿扔掉老物件大多是因为这些物件承载着家人之间的记忆，扔掉它们的话，就好像扔掉了那些记忆，所以，即便知道这些东西已经用不上了，母亲也舍不得扔掉它们。母亲的心情，子女应该能够理解。

母亲希望孩子们做的是什么？难道不是让孩子们记住自己的那些记忆吗？如果这些老物件能让孩子记住那些过往，那么那些记忆也就可以传承给下一代。

若母亲能和家人讲讲和老物件有关的过往，那么，与老物件融为一体的记忆也会走入家人的心，成为家人记忆的一部分，而老物件对家人来说，不再只是一件单纯的工具。这样一来，当孩子们再面对这些容易引起回忆的物件时，处理起来多少就会有不舍，这样做肯定会比之前只考虑"收纳空间和外观而主张扔掉"的时候好很多。

明明对自己来说显而易见的事情，对方却执意拒绝接受，生活中一定会遇到这种情况。只有自己看得清事实，别人却看不清，这样的事情很少见。如果别人拒绝接受在自己看来显而易见的事情，那么其中定有原因。就算表面看来完全相左的意见，其内部深处也一定流淌着能够引起共鸣的部分，双方只是没有沟通清楚而已。

所以，提高本质把握能力，能够有效地帮助我们避免不必要的争执和误解。

> 🖊 当他人不接受自己看来显然正确的事情时，一定是在自己没有注意到的某个地方隐藏着本质性问题，一定存在着某个令他人无法接受这件事情的原因。理解这一点，才能消除争执和误解。
>
> 🖊 提高本质把握能力，不但能有效避免不必要的争执和误解，还有助于改善人际关系。

思考自己要做的工作的本质

你认真思考过"发送邮件"这项工作的本质吗？

书籍、网络上介绍了许多发邮件的窍门，比如"写得简洁明了""起一个让收信人一目了然的邮件名""注意礼貌表达"等等。当然，这些窍门并没有错，都是正确的，但是这些类似标准化流程的方法到底怎么样呢？

因为人们发邮件的目的千差万别，其本质也各不相同，所以我认为根本不存在能够包治百病的万能处方。说到底，"邮件"不过是做事的手段而已。手段不同，某事（某人）的情况也会有所不同。

我们在思考工作的本质时，首先应该认真思考的是"做这项工作的目的是要取得怎样的成果，最终实现一个怎样的目标"。

> 🔖 思考工作的本质时，首先应该认真思考"做这项工作的目的是要取得怎样的成果，最终实现一个怎样的目标"。

请试着思考一下，自己希望通过"发送邮件"这个行为来达到怎样的目的、实现怎样的目标。

"发送邮件"的目的有很多，比如常见的以下几点：

① 告诉对方自己目前的情况，获得对方的理解（报告）。
② 留下自己已在某个时间告知对方事实的证据（留证据）。

③ 获得对方同意自己做某事的批准（请求批准）。

④ 通过邮件请求对方做某事（请求／发出具体指令）。

⑤ 向对方表达自己（或自己人）做错某事的歉意，以求得对方原谅或减轻对方的怒火（道歉）。

⑥ 向别人给予自己的帮助表示感谢（感谢）。

报告类（①）邮件的重要性在于可以让收件人充分了解某事的情况。但常出现的错位情况是，上司说"我没听说过这件事"，下属说"我昨天给您发邮件了"。

我想，这应该是下属认为发了邮件就等同于已将相关情况报告给了领导，可领导知道自己收了邮件却不认为这等同于已得到下属的汇报。为何会导致如此错位的情况呢？或许是因为发件人没有明确说明发送情况报告的原因，或许是因为收件人没有充分理解报告的内容，又或许因为邮件过长而导致收件人没有看完整封邮件。

此外，还有一个可能的惯性思维就是，收件人判断一封邮件为报告类邮件时，便会自动降低这封邮件的优先级，心想"以后再看吧"，这就极有可能导致收件人即便打开过邮件也没有详看内容。

而且职位越高，收到的邮件数量越多。以我自己为例，我几乎每天都会收到 200～300 封邮件（其中 100 封左右为英文邮件）。我能明确判断为紧急且重要的邮件占 10%～20%。其中有些是因为邮件名中标注了"重要"或"紧急"字样，有些是因为我能根据邮件名辨别出我认为重要的事，而如果发件人对我而言很重要，我自然会优先处理他们的邮件。如果遇到只有"报告"这一个目的的邮件，我通常会往后放一放。但是，如果邮件里写明了报告原因的话，我便会提高这封邮件的优先级。不过，这种邮件就已经不只是报告类的了，而更接近于④中的"请求对方做某事"。

写报告类邮件时，应该结合收件人的职位、繁忙程度等因素，在邮件开始的数行中言简意赅地写出报告原因（若是定期报告，就不用写了）、报告内容概况。

> 🔖 写报告类邮件时，应考虑对方的职位、繁忙程度，在开头简洁地传达主旨。即便邮件内容很长，也应在邮件开头数行内简洁地概括主要内容，再于后文中详细说明。
>
> 🔖 明确写出报告的目的，会提高邮件在收件人心中的优先级。

若是留证据类（②）邮件，那么重点则在于"时机"二字。因为是后续留为证据的邮件，所以，简洁明了地写出不引发收件人误解的内容就尤为重要。如果邮件内容存在疑义的话，这封邮件便不能作为很好的证据来使用了。

> 🔖 在留证据类邮件中，时机最重要。没把握好时机的话，一切也就失去了意义。应尽量简单地记录事实。

写请求批准类（③）邮件时，需要站在批准方的角度去考虑。最重要的是，明确写出请求批准的事项和希望获得批准的截止日期。此外，清楚地罗列出请求批准的原因也很重要。

如果邮件需要批准人从头核实所需信息，那么批准人回复得慢便在所难免。但如果邮件简洁地概括了批准所需信息，那就有可能更快地获得审批。请求批准类邮件的本质是什么？虽然在请求批准方看来，请求批准类邮件的本质是获得批准，但在批准方看来，请求批准类邮件的本质则是在充分理解请求批准的内容的基础上给予批准，因为没有人愿意后续出现撤回批准的情况。此外，从批准方的角度来说，按正规流程批准也很重要。

> 🔖 撰写请求批准类邮件时，要在开头明确写出请求批准的事项及希望获得批准的截止日期。

此外，若能简洁地概括批准所需依据并充分提供相关信息，将利于更快获批。

虽然③请求批准类邮件是④请求类邮件的一部分，但因为邮件具有可保留及日后翻阅的特性，所以发邮件比通电话更适用于请求批准／批准，且更广为使用，所以我特意把③列了出来。

请求类（④）邮件的本质其实和请求批准类（③）邮件的本质是一样的，

都需要明确写出请求的事项和希望获得答复的时间。

不过，有时也要依据请求内容的不同，酌情考虑收件人的感受。毕竟，仅把请求告知收件人是没有任何意义的，在截止日期之前如愿收到对方的肯定答复才是请求的本质目的。

当你突然从某个陌生人处收到了一封请求完成某项工作的邮件时，你会作何感受？是否会想："他为什么不自己做呢？"所以，在这种情况下，最终同意对方的请求并转化为相应的行动的可能性是很低的。但是，如果发件人清楚地说明了自己与收件人的关系、请求原委及背景情况的话，我想，他应该很快就能获得对方的同意。

此外，只罗列出希望对方做的事项是不够的，还需要明确写出希望获得怎样的效果或结果。如果发件人没有写清楚的话，会有请求事项未被完全做好便被对方搁置的风险，因为对于被请求方来说，照着被请求的内容去做，就等于完成了请求事项。而如果明确写出希望获得的最终结果，那么被请求方一旦发现"如果按照列出的内容去做，可能会出现不一样的结果"，便会主动与请求方联络。

如果收件人的自尊心、工作能力较强的话，发件人事无巨细地指定收件人照做反而容易引起他的不满。这时，只明确写出希望获得的结果和答复期限，或许会让请求更快地被对方接受。另外，对于经验较少、能力较差的收件人来说，如果发件人只说明希望获得的最终结果而不告知具体做法，事情也可能会办不成。

无论请求类邮件的内容是否需要写得详细、具体，发件人都需要列出收件人所需要的信息。

此外，完成某项工作有可能面临的限制条件以及如何应对处理，也很有必要写在邮件里。

如果预先知道存在一旦发生便无法挽回的陷阱而又没有提前告知对方，就会不可避免地引发无法挽回的结果。虽然人们常说失败乃成功之母，且事无巨细地指导可以让他人无一错误地顺利完成工作，但他人从中获得的收获也会因此寥寥无几。不过，如果预先知道某种"一旦陷入便无挽回余地"的陷阱，还是提前告知对方比较好。

这里所写的技巧并不仅仅适用于邮件，而是适用于所有形式的工作请求。工作请求的本质，其实就是让对方心情舒畅地、高效地、无误解地在指定日期之前做完所请求的事项。

> 🔖 请求本身并非请求类邮件的本质，让对方按照请求方所期待的事项在所期待的时间内完成才是请求类邮件的本质。所以要在如何让对方心情舒畅地完成工作这方面花心思。
> 🔖 应明确告知对方"一旦陷入便无挽回余地"的陷阱。
> 🔖 写明请求原委等背景情况，有助于引起对方的共鸣，快速获得回应。
> 🔖 是否说明"如何做"，应根据对方的具体情况而定。如果对方询问"该如何做"，则详细说明。

若发件人以"如何做"为核心进行说明的话，那么收件人可能会不自觉地将关注的重点放在"如何做"上,以致对"最终获得的结果和效果"不够重视。

这其实是被"如何做"(方法)困住,忘记"我们为什么要做这件事"的典型案例。

接到工作请求或工作指示时,应首先确认"在何时之前""将什么事""做到什么状态",先明确这一点非常重要。此外,如果发件人是长辈或上司的话,收到请求时询问"为什么"可能会引起对方的不满,所以谨慎考虑措辞方式也很重要,毕竟与请求人发生情感层面的冲突对任何人而言都不是好事。所以,在我看来,以"为了加深自身理解"为由询问的话,会更容易了解对方发出请求的原委。

道歉类(⑤)邮件的本质,是承认自己犯下的错误惹怒了对方,向对方表示歉意,从而减轻对方的怒火乃至最终获得原谅。在日本,只通过发邮件道歉是不够的,通常还需要打电话,以及登门拜访、当面道歉。

若遇到不能立即登门拜访的情况,应先迅速承认自己的过错,向对方表达自己的歉意。为了不让对方的怒火进一步高涨,先发一封道歉邮件是比较常见的做法,但如果对方愿意接电话的话,最好先给对方打电话致歉。因为邮件是可以反复看的,万一措辞不当的话,发道歉邮件反而会起到反效果。

尤其需要注意的是,不要在邮件中使用可能会加重对方怒火的辩解式措辞。我知道当事人总希望解释些什么,但当事人其实只需要诚恳地对自己犯下的错误道歉。因为"原委说明"容易被对方误解为辩解,反而容易适得其反。

最后，当事人需要创造一次当面致歉的机会，当场承认错误并致歉，然后说清楚短期、长期的问题解决方法，以及防止类似情况再次发生的措施，等等。

不过，如果遇到非自身过错而因误解引起对方生气的情况，则不要盲目致歉，而要表达自己理解对方的不快，并向对方讲明事实，解开误会。

> 🔖 邮件有后续留存且可以反复阅读的特点。

因为道歉类邮件有时反而会取得反效果，所以使用时须多加注意。

原则上说，最好采用通电话和当面解释的方式。

若无法用电话沟通，则要结合具体情况尽快发邮件致歉。

感谢类（⑥）邮件的本质则在于适时表达感谢。

若对方应邀出席了酒会、宴会，陪伴自己度过了一段欢快时光，那么，当天或次日上班前向对方发送一封感谢类邮件是基本的礼节。因为开始工作后，人们一般没有时间查看致谢邮件，而且，如果那天对方收到许多封类似邮件的话，那么自己的谢意或许很难传达到对方心底。

在对方脑海里留下好印象时，应在新的事情发生之前迅速发出感谢类邮件，这非常重要。

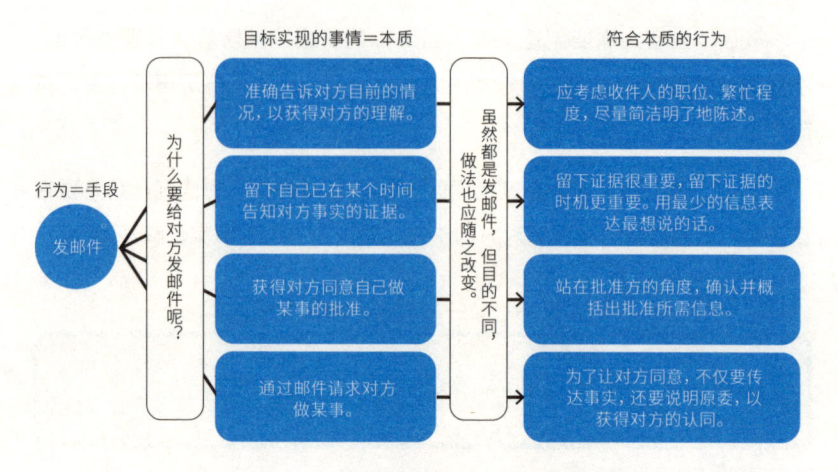

```
                    目标实现的事情＝本质                符合本质的行为

                  ┌─准确告诉对方目前的情─┐          ┌─应考虑收件人的职位、繁忙程─┐
                  │ 况，以获得对方的理解。│          │ 度，尽量简洁明了地陈述。  │
           为                              虽
           什                              然
           么                              都
           要   ┌─留下自己已在某个时间─┐  是        ┌─留下证据很重要，留下证据的─┐
 行为＝手段 给   │ 告知对方事实的证据。 │  发        │ 时机更重要。用最少的信息表 │
           对   └──────┘  邮        │ 达最想说的话。       │
  ●发邮件   方                          件，        └──────────┘
           发                           但
           邮   ┌─获得对方同意自己做─┐  目        ┌─站在批准方的角度，确认并概─┐
           件   │ 某事的批准。     │  的        │ 括出批准所需信息。     │
           呢   └──────┘  不        └──────────┘
           ？                           同，
                                        做
                  ┌─通过邮件请求对方─┐    法        ┌─为了让对方同意，不仅要传─┐
                  │ 做某事。      │    也        │ 达事实，还要说明原委，以 │
                  └──────┘    应        │ 获得对方的认同。      │
                                        随        └──────────┘
                                        之
                                        改
                                        变。
```

图 5-2 理解行为的本质——发邮件

除了这六类，撰写其他类型的邮件时，也要根据具体内容，认真思考"将什么内容，以何种方式传达给对方，希望获得怎样的效果"。

归根结底，邮件只是一种手段，仅仅发出邮件并非目的所在。虽然我在此介绍的是"发送邮件"的注意事项，但其本质与打电话及当面交谈的本质是一样的。请大家务必参考看看。总而言之，"发送邮件""打电话""当面交谈"其实是手段不同但本质相同的沟通方式而已。

> ◆写感谢类邮件时，直接表达谢意和找准时机很重要。

如果是当天晚上发生的事情，那么最好在次日上班前发送感谢邮件。

再举一个理解行为的本质的例子。我们在某讲座上听老师讲课时，通常都会记笔记。下面，就让我们试想一下"记笔记"这一行为。

记笔记是为了加深理解，所以，用易于自己理解的方式记笔记很重要。有些措辞在老师看来很恰当，但对自己来说未必适合，这时我们就需要转换表达，用更易于自己理解的方式记笔记。

但是，需要自己能够讲出相同内容的情况例外。遇到这种情况时，应该在笔记上标出后续需要与讲师再行确认的内容，因为明白、理解讲师表达的意图很重要。如果可以按照适合自己的方式讲课的话，那么可以用便于自己理解的方式记笔记。如果需要按照讲师的讲课方式制作讲义的话，则需要一项一项地确认讲师的意图，这时，就需要在笔记中准确地记录提问重点。

可是报道讲座就要另当别论了。这时，比起自己能否理解，如何将讲师所讲的内容一五一十地传达给未能参加讲座的人更重要。就算你想出的表达方式比讲师使用的表达方式更恰当，报道时，你也是不被允许擅自做出修改的。

记备考笔记的基本思路虽然与用便于自己理解的方式记笔记的思路大致相同，但它还有另外一个特点——重点关注考试中可能出现的内容，毕竟记备考笔记的目的在于通过考试。

虽然同为记笔记，但目的不同，记笔记的方式也会随之发生变化。

```
行为=手段                你为什么要在笔记本上记录讲课内容?

                想要实现的目标=本质                                符合本质的行为

                为了充分理解和灵活运用讲义内容。                     用便于自己理解、记忆的方法记笔记。

  记笔记                                  根据目的的不同,应当适时改变方法。

                为了自己也能解释说明讲义的内容。                     边思考讲师讲话的意图边记笔记,并标记出需要稍后确认的问题点。

                为了报道讲座。                                      直接记录讲师使用的表达方式,准确传达讲义的内容。

                为了参加讲座相关的考试并通过考试。                    重点关注考试中出现过的内容和出现可能性较高的内容。
```

图 5-3 理解行为的本质——记笔记

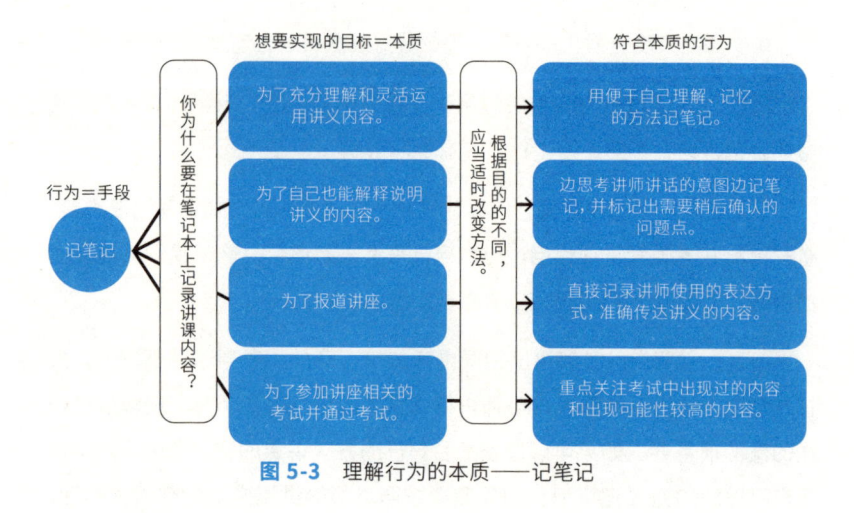

思考事业的本质

大家有没有试着思考过自己所从事的事业的本质?

下面让我们以酒店的经营为例,尝试思考看看。请在脑海中试想出一家高级酒店。

如果你是这家酒店的经营者,并且认为经营酒店的本质在于"有偿出租客房",那么,你就会把关注点自然而然地放在客房身上,常常思考如何以尽可能高的租金实现满房入住。但是,如果真的这样做的话,你将很可能在竞争中输给成功经营的高级酒店。这是为什么呢?

因为竞争对手即成功的高级酒店正在做的已不仅是"把客房出租出去"。我认为,很多高级酒店都在思考"如何让顾客在酒店中舒适快乐地度过"。为了实现这个目的，酒店不但要提供舒适的房间，还要提供让顾客感到舒服的周到服务。感到满意的顾客，会成为酒店的回头客，这对酒店事业来说非常重要。

但是，如果不是高级酒店，而是租金较为低廉的商务酒店的话，关注的重点也会随之发生改变——比起房间、服务，酒店所处地点变得更为重要。此外，比起豪华的家具，功能性更强的设备，尤其是办公所需的无线网络、电源等，也变得更为重要。还要考虑入住、退房手续的便捷度，早上配送的报纸最好是和经济领域相关的。

虽然同为酒店的经营，但这两种酒店经营的本质并不相同，而经营者的意识也会影响酒店经营的方向。

即便是相似形态的事业，如果经营者构想的商业蓝图不同，那么也会出现本质不同的情况。如果经营者构想的商业蓝图不符合所在行业的本质，那么该生意无法顺利开展的可能性将会很高。不是思考"我正在生产什么、销售什么"，而是思考"当我负责的商品、服务交到顾客手上时，能为顾客提供怎样的价值"，这样思考问题的话，会更容易找到自己所从事的事业的本质。

能够正确把握事业本质的话，既可以为自己将来应对新对手做好准备，也可以为自己进入新的行业提供有力的武器。需要注意的是，如果行业环境发生变化，事业的本质可能也会发生变化。

> ✎ 试着思考事业的本质。重点不是单纯地思考如何生产商品、销售商品，而是思考最终将商品（服务）交与顾客时，能为顾客提供什么样的价值。

理解自己所从事事业的本质，能够帮助我们更好地完成工作。

"身为公司职员"的本质

试着稍微转变一下观点。我想，本书的主流读者应该是学生或上班族。而大多数学生读者应该即将面临毕业、就业了吧。

那么，"身为公司职员"的本质是什么呢？如果一个人没有思考过这一问题，只是因为该就业了所以就业，那么我会觉得很可惜。

在我担任高级经理时，曾有客户向我抛出过橄榄枝，邀请我加入他的公司，给出的薪酬是我当时薪酬的几倍，比董事总经理的薪酬还要高。因为这么做有违君子协定，所以考虑再三之后，我慎重地拒绝了他的邀请。我也以此为契机，非常认真地思考了"在公司上班的意义"。

下面，我想试着比较一下自己创业和在公司上班的不同。这里所说的公司，指的是规模较大的企业。以下所写的内容，会出现一些不适用于小企业的情况，所以请大家多加注意。

无论是自己创业还是在公司上班，只要认真工作，就能获得一定的收入。但是，收入的金额、结构会有很大的区别。

在公司上班时，即便取得了可观、突出的业绩或遭遇巨大的失败，收入也不会有太大的变化。虽然干得好会多拿些奖金，干得不好会被扣减工资，但收入也不至于翻几番或被扣到只剩几分之一的地步（纯粹的佣金制可能会出现大幅变化的情况，但这里所说的是一般的薪资制）。就算某一年为公司创造了 10 亿日元的收益，一般情况下也不可能获得数亿日元的薪酬。

但是，如果是在自己创业的时候获得了 10 亿日元的收益，那么，扣除税费等费用后的余额都可作为自己的资金使用。与此同时，如果蒙受了 10 亿日元损失的话，那么就有可能不得不申请破产。从收入层面来说，在公司上班的特点是低风险、低回报，而自己创业的特点则是高风险、高回报。

此外，在公司上班时，自己就算不明白公司是按照怎样一种机制发放工资的，也能如数拿到相应的工资。而自己创业时，只有对销售额、成本等实施合理的管理，才能够获得提升自己生活水平的收益，此外，还需要了解整个公司的架构、运作机制。在公司上班时，自己必须做的工作内容很有限，但是自己创业时，需要完成公司开展的各种工作，虽然也可考虑外包，但因为这样做会增加成本，所以我就不在此深谈了。

从理论上来说，自己创业时，是可以在自己觉得合适的时间给自己放假的。但与此同时，休息也意味着无收入日子增加。而且在我身边，有很多朋友因为创业而很久没有在节假日休息过。

在公司上班时，是不可以想休息就休息的，必须在规定的时间休息，就算有带薪假期，也需要提前申请并且获批后才可使用。但是，只要在公司允许的范围内休息，工资就不会减少。

所以，从休息的角度来看，在公司上班可以在规定的时间内轻松地休息，而自己创业时，虽然可以想休息就休息，但是在仍有资金压力的情况时，恐怕仅休息一天也是需要勇气的。

当你还不能胜任公司交付的工作时，多数情况下公司会花钱培训你，还会给你成长、进步的时间，而且上司、同事也会帮助你，让你有机会去挑战自己尚且不能胜任的工作。

另一方面，自己创业时，一想到"无法完成已接受的工作＝失信、工作量锐减"，就不敢轻易挑战自己经验不足、能力欠缺的领域，所以只敢接受自己擅长的工作，而不敢向新的领域发起挑战。

从工作内容来看，在公司上班时有挑战新领域的机会，但是自己创业时向新领域发起挑战是很难的。当然，如果有与自己技能互补的朋友联合创业，那就未必如此了。但是，与拥有足够的所需技能的朋友共同创业且取得成功的概率其实是非常低的，因为我认为这些朋友愿意和自己做同一件事情的可能性很低。

总而言之，考虑自己创业的人需要接受以下几点：

- 以自己能胜任的工作为主，很少挑战新的领域。
- 除了在公司所做的工作，还需要承担财务、法律业务、行政等多种类型的工作。
- 虽然可以在自己想休息的时间休息，但是休息意味着能够获得收入的日子减少。所以，在资金不充足时休息是需要勇气的。
- 成功的话，可能会赚到很多钱；失败的话，损失也会很大。

对于各位年轻人来说，"成长"是非常重要的关键词。

我认为，在公司上班的本质，或许在于"我可以失败"。

创业的话，因为工作失败而导致生活困窘乃至深陷不幸的案例并不是少数（那些拥有充足财富，即便创业失败也不会为生活发愁的人除外）。不仅如此，因为创业时通常会选择自己擅长的工作，所以挑战新事物的机会也会随之减少。

在公司上班的话，就算失败，最差的结果也不过是被公司开除。在大部分公司中，只要员工认真做了，哪怕最终结果以失败告终，公司也很少会因此开除员工（违规、犯罪行为除外），员工或许会被降薪，或许会被要求写一份检讨，但无论怎样，都不至于落到生活无以为继的地步。

所以，从一般的结论上来看，我认为，年轻人在公司上班最大的意义在于"被允许失败"，不畏失败，尽情挑战。

虽然我没有否认年轻人创业的想法，但我也要提个醒：这绝非易事。希望年轻人能够先认真思考作为公司职员的意义，再决定是否创业。

> 🖊 在公司上班的最大意义在于，公司允许你挑战和失败。

"沟通问题"的本质

绕开沟通能力，是无法谈论项目管理的。这在谈及项目经理必须具备的技能时，好像也经常被人提及。

对于"沟通"这个现如今使用频率较高的词语，大家有没有认真地思考过？

若要把握事情的本质，从事情成立的条件、背景、构成要素等多方面来考虑，会比较有效。比如，当被人问到"该如何解决沟通问题"时，我们可以通过梳理达成沟通的条件，把看似模糊的沟通问题变为更具体且有可能解决的问题来处理。

沟通问题，是我在澳大利亚工作时曾面临的难题，所以我非常认真、深入地思考过。

我从上学时开始英语就一直不太好，虽然毕业后直接进了外企工作，但英语水平也不可能因此突飞猛进。在我看来，比起提升英语水平，掌握信息技术的相关技能更为紧要。所以，虽然认识到了自己的英语能力不足，我还是决定先放一放，以后再说。

这时，一个偶然的机会让我比别人更早地掌握了一种新技术，并开始慢慢抓住了做好工作的要领。尤其是在我进入公司第 4～5 年时的那个项目，给我留下了非常深刻的印象。在那个项目中认识的人，如今和我依然像家人一样来往。最高峰时，我在那个项目中带领 50 名项目组成员一块儿工作。我觉得那是一项采用了当时在日本具有划时代意义的科学技术的项目，非常有挑战性。值得庆幸的是，那个项目进展得非常顺利。

因为亚洲的其他国家也渐渐开始使用那项技术，所以有人提出建议，希望派几名该项目的参与人赴澳大利亚工作。

我从小就喜欢挑战不可能，喜欢挑战自己能力极限的珍贵机会。若是面对自己有能力掌控的事，即便错失，我也可以给自己制造第二次机会。但如果是面对自己控制不了的机会，一旦错失，恐怕要遗憾终生了。所以，当公司询问大家意见时，我毫不犹豫地举手报名。挑战不会让我失去什么，而如果放弃挑战，我就未必能再次碰到同样的机会。

但我的英语不太好，听力尤甚，简直不可救药。那个项目毕竟是在澳大利亚开展的，所以通过英语面试是必要条件之一。新入职的员工不在公司的考虑范围，因为公司希望外派员工具有开枪就打的能力。这是我非常自信的领域，这样我在日本积累的经验就有了用武之地。只要能克服语言这一难关，我相信自己一定能在新项目上大放异彩，但我担心自己过不了语言面试那关。

而且，面试是通过电话进行的。若是当面对谈，我还可以观察对方的表情，或使用肢体语言，这样即便英语不好，我也能通过其他方式传达我对这份工作的热情。在入职第一年的培训中，我和语言不通的台湾室友相处得很融洽，所以我对此很自信。

可电话面试就不一样了。我看不到对方，自然也无从得知对方的表情。而我最不可救药的听力，竟然成了决定面试结果的关键因素。虽然当时我的脑海里并没有本质思维的概念，但我深入思考了面试的本质。不单站在被面试方的角度思考，还设身处地地站在面试官的角度思考，也思考了"为什么要进行面试"。

那次面试的目的，是确认我是否满足悉尼项目所需人才的标准。语言（英语）能力对于开展项目固然重要，但说到底，英语只是所需技能的一部分而已，而且比起英语，技术能力、项目经验应该更为重要。所以，我觉得，若能向面试官充分展现我拥有的技术能力、项目经验以及渴望参加项目的热情，还是有一定胜算的。

"在电话面试的过程中，想办法不让面试官询问我能否用英语交流就可以了。"根据以前的工作经验，我几乎可以完全预料到面试官选择项目组成员时可能提的问题。我先用英语写出这些问题，然后请英语好的朋友帮我修改了一下。

我准备的内容至少能说上 30 分钟。因为当时拨国际电话，尤其是东京、悉尼之间的通话，费用非常昂贵，所以我推测面试电话的时长不会超过 30 分钟。

电话面试需要我在指定的时间向指定的电话号码打电话。坦白地说，从未用公司电话拨打过国际长途的我当时没少掉链子。眼看着指定的面试时间一分一秒地过去，我无比焦急，好不容易弄清楚拨打方法后，我赶紧打了过去。面试官首先用我不太听得惯的语调介绍了自己，并没有一上来就提问。

但是，我有一个自己预先准备好的剧本。我的计划是，先向面试官问好，然后立刻说上一句"Please let me introduce myself"（请让我介绍一下自己）。对方 100% 会回答"Yes"，他是不可能说"No"的。

在接下来的 30 分钟内，我开始朗读自己预先准备好的文章。虽然我的英语不太好，但朗读还是没什么问题的，所以我流利地读完了所准备的内容。这些内容都是我深思熟虑后总结而成的，全是面试官想听的。

对方时不时地附和着"Oh"或"Good"，听起来反应不错。但是，面试官并没有向我发问，因为每当他对某个点产生兴趣而想提问时，我都会直接讲出他想要的答案，并且必须保持这样的节奏。因为我根本听不懂他提的问题，所以只能想办法让他不提问题。

我的朗读非常流畅地完成了。虽然我的英语水平很差，但当时读完后的状态好到让我产生了自己英语超棒的错觉。可是，在朗读完所有内容的最后关头，我犯了一个特别大的错误。这很像年轻时稍微有些得意忘形就会被父母教训时的反应，但不同的是，这次是一个致命的错误。

可能是朗读完心情大好的缘故，我竟然在结束时不由自主地说了一句："Any question？"（有没有什么问题想问我？）我煞费苦心地写下了不让面试官提问的剧本，又煞费苦心地通过朗读让面试官没有机会提问，可是最后关头却疏忽了——问了句"有没有什么问题想问我"……

说出这句话的瞬间，我感到自己的后背一阵发凉，甚至觉得等待面试官回应的不到一秒钟时间宛如几分钟。

谁知面试官只回答了一句："Great！"（好极了！）

是因为做了长时间的充分准备还是因为内容好？虽然我不确定究竟是哪个原因奏了效，但是面试非常顺利地结束了。最终，我被悉尼的新项目选中了。

运用一番小伎俩如愿被项目录取的我，却在加入项目以后发现自己宛如进了地狱。

我至今依然清楚地记得：1995年1月16日，我抵达悉尼。第二天早晨，我从新闻上得知阪神-淡路大地震的消息后，立即往关西老家打电话，可是打了多次都没打通，我焦急不已。我还记得当时自己连如何拨打国际长途电话都不知道，颇费了一番功夫。值得庆幸的是，老家和家人并无大碍。但很多朋友因地震遭了殃。

刚到悉尼的头两周要先安顿好住处。寻找住处期间，我先临时住在酒店里，其间，有人向我介绍了与公司合作的房地产中介公司，帮我寻找合适的住处。因为当时的客户是澳大利亚的一家知名企业，我得知其公司颇具代表性的办公楼位于悉尼市中心核心地段后，决定住在市区。虽然步行前往需要多花些时间，但毕竟走20分钟便可抵达，所以上下班问题不大。

正式进入项目的第一天到了。当时电子邮件还没有普及。前一天，上司给我发了一条语音留言，大意是告知我上班地点等信息，这时，问题来了——我完全听不懂上司的语音留言内容。

第二天就要上班了，我却面临着不知上班地点在何处这个致命问题，而且总感觉客户公司所在地和我之前料想的地点不太一样。其实，我完全可以将语音留言转发给某个英语较好的日本朋友，然后由他翻译给我，可是慌乱中的我仿佛一下子短了路，竟没想到这个方法。

我采取的解决方法非常原始——一大早去离住处最近的车站，然后放语音留言给车站工作人员听，并询问他应该坐到哪一站下车。下车的站点离我的居住地很远，我慌慌张张地上了车，一路焦急不安地抵达了目标车站。我将客户公司的名称告知车站工作人员，然后询问具体地点。

可是，车站工作人员告诉我该公司在那儿附近共有五个办公地点，这又让我慌了神。无奈之下，我只能再次采取最原始的方法——从最近的一处开始确认。我来到最近的一个办公地点的前台，报出项目名称后，发现前台有些疑惑，便立刻返回车站，询问另一个办公地点，再前往确认。值得庆幸的是，第二处就是我要找的地方。原本不到一个小时就能抵达的地方，我却用了两个半小时才勉强抵达。到新项目上班的第一天早晨就这么惊心动魄。

在接下来的很长一段时间里，我一直处于几乎任何事情都无法顺利推进的状态。因为项目规模较大，项目组成员位于不同的楼层办公，所以畏惧打电话沟通的我只好手持楼层平面图寻找同事，当面与之沟通。沟通时，我还需要一边拿着文件，一边比画，如果只靠口语表达的话，我根本无法跟同事顺利交流。

在这样的节奏下，工作不出问题是不可能的。经理口头下达的指示，我听一遍几乎无法听懂。想必，那位本以为给项目组招到了一位能在面试时详尽说出自己原本正想提问的问题的优秀日本员工的印度经理，一定感到诧异不已吧！

不过，即便听不懂经理安排的工作内容，我也能猜出一二。因为担心自己无法准确理解领导的指示，所以我只好在领导下达指示之前主动推进各项工作，这样一来，领导只会在发现我做得不好的时候指出来。因为无法准确理解领导指的是哪项具体工作，所以我只好把与之相关的工作都做个遍。虽然工作量因此大幅增加，但因为我主动完成了不少项目经理都未曾注意到的工作，所以我还得到了表扬。

此外，这毕竟是技术类工作，所以即便我的英语不好，也是可以理解的。我参加项目2～3周后，便基本掌握了整个项目的技术全貌。与大多数日本人一样，虽然我们不擅于对话，但是我们的阅读能力很不错。我也正因为看得多，所以常常能发现项目中存在的技术风险。只是我无法很好地用英语把这些风险讲出来。虽然我已经拼命解释了，但那些技术难题用日语讲都很深奥,更别提用我那"听起来谜一般的蹩脚英语"了,对方好像连我在谈论什么话题都没搞明白。

参加项目一个月后,我所担心的事情还是发生了。之前一直处于顺利推进状态的系统开发测试突然推进不下去了。虽然当时我负责的工作与系统开发测试并无直接关联,但我还是察觉到了出现问题的可能。原本与我们构建了良好关系的客户也因此开始一脸严肃,经理以上级别的所有项目组成员被紧急召集到一起探讨对策。

听说在某次紧急会议上,客户公司的项目经理说了这样一句话:"莫非这和创一(我的名字)曾经提到的事情有关?"

可能是我曾用谜一般的语言讲过这件事的缘故吧!坦白地说,我不记得自己直接向项目经理提起心中的担忧,但是,一个来自日本的年轻人曾用谜一般的语言拼命讲述内心的担忧的模样,深深刻在了项目经理的脑子里。

我立刻被叫到了经理以上级别的会议现场。虽然并非经理级别的我从未出席过之前的会议,但我马上明白了叫我前来的目的。

当他要求我"解释一下"时,我一边使用白板,一边努力解释自己的看法。在此之前,我无论讲什么,总会在最后加上一句"That's OK. Don't mind."(没关系的,别担心。),草草收场。这次被项目领导叫到会议现场,在大家听懂我谜一般的语言之前,我是绝不会放弃的。

经过一番苦战,我终于把自己对于引发问题的原因的理解都告诉了大家。

他们接着问我:"你能解决这个问题吗?"

我回答说:"如果这个问题和我以前遇到过的一样,那么,给我2～3个小时,我就能解决。"

结果,我用了不到两个小时的时间,就解决了那个问题。不仅如此,我还制作了防止类似问题再次发生的对策和发生时的应对手册。

第二天早上,不可思议的事情发生了。项目组的成员们开始听懂先前我那不被大家理解的谜一般的语言(虽然我认为自己说的是英语)了。我的英语水平不可能在一夜之间突飞猛进,那究竟是什么发生变化了呢?

前一天,我用了不到两个小时的时间,解决了所有项目组成员都未能解决的问题。这件事几乎传遍了所有项目组成员的耳朵。这让我从一个用谜一般的语言拼命表达自己想法却无法被大家理解的可怜的日本人,一举变成用了不到两个小时便解决了大难题的英雄。

也就是说,大家对我的看法,从"听不懂他在说什么,虽然他看起来有些可怜,但这也不至于有太大影响"变成了"如果听不懂他说的话,发愁的反而是自己"。因为周围人对我的认识发生了变化,所以哪怕我说的还是一如往常的谜一般的语言,听话人也会为了听明白我所讲的内容,调动起自己所有的知识储备和想象力。正是这一点成功实现了我与大家的沟通。尤其是知识水平高的人,他们往往具备高超的理解能力,所以只要他们有沟通的动机,即便对方在语言方面能力有所欠缺,他们也总有办法和对方沟通清楚。

这就好像我们常听某些在国外的学术交流会上发过言的理科大学生、研究生说:"本以为大家听不懂我那蹩脚英语所讲的内容,可没想到大家不但都听明白了,还与我深入地讨论了一番。"道理其实是一样的。对于从事相同领域研究的人来说，即便说话的人在表达时用错了措辞，听者也能明白对方想要传达的意思。

此后，项目组成员与我的双向沟通大幅增多，也多亏了这一点，我那谜一般的英语也开始慢慢向"真正的英语"转变。英语水平的提高，意味着沟通效率的提高，我的沟通量也因此大幅增加，这又进一步加速了我的英语水平的进步。良性循环就此开始。

在进入项目组的第三个月，我几乎感觉不到用英语沟通有什么压力了。六个月后，除了特别复杂的问题，我基本上都可以用英语思考、沟通了。

这时，我学到了一个非常重要的道理。

沟通问题，并不仅仅在于所用的语言本身。反过来说，如果说话人具备表达的意愿、内容，听话人具备能理解该内容的背景知识且想要理解清楚的意愿，那么，双方就算在语言表达上存在问题，也是有可能实现沟通的。

语言水平难以在一朝一夕提高，但我们可以通过一些努力提高对方达成沟通的意愿。或许，"不能听明白您在说什么，很抱歉"和"听不懂他在说什么是我的损失，甚至有可能让我错失良机"这两种状态会导致不同的结果是再自然不过的事情，但我们面对无法顺利沟通的问题时，总有把原因归咎于语言的倾向。

达成沟通的要素不只有语言。

根本要素在于语言，抑或其他？不弄清楚这一点，就无法开出正确的处方。在国外发生的沟通问题明明可能存在各种各样的根本原因，如果一概而论地把解决对策认定为"应该好好学习英语"，那未免有些太过牵强。

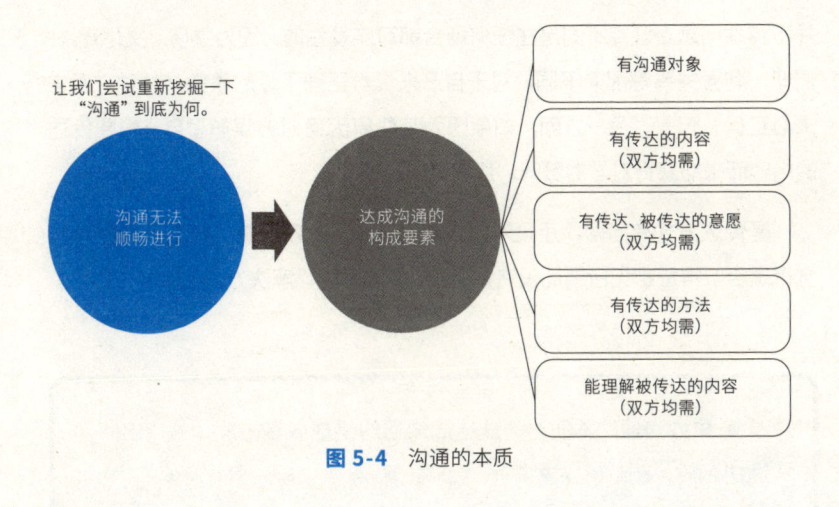

让我们尝试重新挖掘一下"沟通"到底为何。

沟通无法顺畅进行 → 达成沟通的构成要素
- 有沟通对象
- 有传达的内容（双方均需）
- 有传达、被传达的意愿（双方均需）
- 有传达的方法（双方均需）
- 能理解被传达的内容（双方均需）

图 5-4 沟通的本质

> ✎ 在沟通问题上也适用 RCA。语言不是导致沟通问题的唯一原因。

仅归咎于"无法顺畅沟通"，是无法准确把握"问题是什么""根本原因是什么"的。仔细想来，仅仅认为是"沟通出了问题"但事实上是其他原因所致的情况并不少见。

举例来说，一个人刚出国工作时，因为没有可以谈心的朋友而感到很孤独，但这并非因为没有沟通对象而引发的沟通问题，也谈不上是因为没有想交谈的内容而引发的沟通问题。

如果对方不赞同自己的观点呢？我认为，沟通时出现这种情况是正常的，

103

并不存在问题。观点不同是在任何场合都可能发生的，因为立场、文化背景、信仰、利害关系等因素不同，对于自己来说再正确不过的事情，对对方而言未必正确。但是，另一方面，如果因为某些原因使对方误解了自己想要传达的内容而未能获得对方的赞同，那就属于沟通问题了。

是传达方式有问题，还是对方在基础知识上有所欠缺，再或是因为对方觉得是否听得懂都无所谓而没有认真听？原因不同，解决方法也会随之改变。

> ◆ 思考沟通的本质时，从达成沟通的组成要素出发，去找出问题的本质，制订解决方案。
> ◆ 在国外发生的沟通问题，原因未必只在于语言水平。

明白沟通的本质以后，对于英语学习方法的思考也会随之改变。

当然，发音标准、词汇量丰富是再好不过的，但是，如果因为自己的发音不好、词汇量欠缺就放弃沟通的话，那就是本末倒置了。

就算真的发音不太标准或词汇量不够丰富，这也只是达成沟通的众多要素中的一个。只要说话人有传达的意愿，而对方也对被传达的内容感兴趣，有倾听的意愿，那么沟通就一定能够达成。所以，在前期，努力让对方明白"自己想表达的内容是很有价值的"很重要。

此外，还有一种因经济全球化发展带来的变化。记得在我成为埃森哲董事总经理（旧称合伙人）的 2003 年前后，公司开跨国电话会议时，与会成员大多是以英语为母语的人。至少在我周围以英语非母语的人员为会议核心成员的情况极为罕见。

如今距离那时已过去十余年。现在(2017年)，埃森哲公司的首席执行官(CEO)是一名法国人。管理层也有很多英语非母语的人士。我所在的机构开电话会议时，已经有越来越多的英语非母语的人士成为会议的核心成员。

比起标准的英语，发音有些许奇怪、常直言不讳表达的非母语式英语的使用比例正在大幅上升。毕竟埃森哲公司起源于美国，所以那时公司内大部分员工为英语母语人士也是理所当然的。但是，随着经济全球化的发展，埃森哲公司内英语非母语的人才的比例正在不断增加。

埃森哲公司是一家真正的全球性企业。我认为，在这样的公司，英语非母语的员工的数量将在未来继续增加。在这样的公司召开国际电话会议时，参会人听到的将绝不仅是英语为母语的人士所讲的英语。

我本以为踏入社交场合必须具备美妙的发音和丰富的词汇量（说到底，这些都是我个人的揣测），但是在社交场合与人沟通时，比起掌握标准的发音和丰富的词汇量，更重要的是说出让对方认为有价值的内容，以及让对方觉得自己所讲的信息对他而言是有价值的。

不少人在工作中尚能用英语应对，却无法在工作后的聚餐上熟练使用英语。我曾看到借口"自己已经在工作中说够英语了，所以聚餐时还是……"而喜欢几个日本人聚在一起聊的情况。虽然我完全可以理解这种心情，但是这样做未免太可惜了。

如果你已经在工作上凸显了自己的存在感，那么他人应该已经对你产生了兴趣。可是，如果你未在工作上充分体现自己的存在感，那么在聚餐时想办法给他人留下印象便是很好的机会。

我的撒手锏是日本美食和日本清酒。如今，日本美食和清酒在国外颇受欢迎，所以愿意了解它们的人很多。但是，能够用英语把日本美食和清酒介绍清楚的人并不多见，甚至有外国朋友误以为清酒就是类似伏特加的蒸馏酒。因为我能用英语介绍清酒的酿造流程及其异于红酒之处，所以我常常成为公司聚餐会的主角。如今想来，比起在会议上，自己在聚餐时更容易成为主角。但是，这种日本人很少见也是事实。

饮食是各个国家的人都喜欢的，也是多数人感兴趣的话题。除了日本清酒、日本美食，我还用英语介绍过日本人的姓名和汉字。比如，给孩子起名时如何起名能让姓名的笔画数无论怎么算都是吉数，我的名字是如何取出来的，等等。我还记得，在我讲这些内容时，大家都听得津津有味。虽然日语分表音文字和表意文字两种，但是对于身处只有表音文字的英语圈的人来说，作为表意文字的汉字充满神秘感。

这毕竟是难得的机会，所以我建议大家从自己感兴趣的话题中选出一两个能引起外国人兴趣的话题，然后提前用英语准备一下。让外国人首先对你这个人产生兴趣，然后对你说的话产生兴趣，这绝不是什么歪门邪道。

此外，遇到赴日工作的外国同事或领导时也应该慎重应对。觉得"反正他们早晚都要回国，所以差不多应付一下得了"，或表面上笑脸相迎实则口是心非都不可取。因为我有在国外工作的经验，所以我心知肚明：若用上述态度应对，即便自认为伪装得不错，也会被人看穿。一旦接待方心想"反正他早晚都要回国"，被接待方心想"反正他也是口是心非"，那么真正的沟通便再无可能实现。

```
13.7亿人        1.3亿人
汉语            德语

5.3亿人    22亿人        1.34亿人
英语      使用英语的总人数  日语

4.9亿人        1.8亿人
印地语          俄语

4.2亿人   2.3亿人  2.2亿人  2.15亿人
西班牙语  阿拉伯语 孟加拉语  葡萄牙语
```

图 5-5 全球性企业员工的母语并不一定都是英语

正因为时间有限，所以更要在有限的时间内建立信任——这样做的人才是真正的具有建设性眼光，正所谓"机会可遇不可求"，遇到了就应该好好把握。不仅如此，如今经济全球化发展势头迅猛，自己也有可能被外派到国外工作，那时说不定会再次遇到曾经短暂共事的同事。

据某项较早的统计数据显示，全世界有 5.3 亿人以英语为母语，而全世界使用英语的人数约 22 亿。也就是说，在讲英语的人中，只有 1/4 的人的母语是英语。英语是商务世界的通用语言，如果今后经济全球化趋势进一步加强的话，那么在讲英语的人中，英语非母语的人士必然会占据更大的比例。

被 HOW（方法）迷惑会让你看不清本质

要把握本质，必须注意一点：不要被工具、步骤、方法论、分类等

```
表象 → 将表象抽象化,进一步了解其目的,
        从中抽取出事物本身的特征。

    → 考虑表象成立的条件、背景、构成要素。

    → 不被工具、步骤、方法论、分类等HOW
      迷惑
```

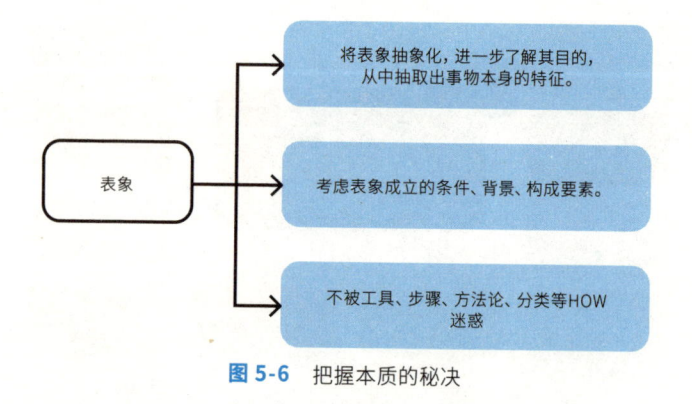

图 5-6 把握本质的秘决

HOW 所迷惑。工具、方法论的存在本身,的确是绝妙无比的,但有的人会因使用了错误的工具或方法而走向绝路。人一旦拥有了某个工具,无论对于什么事,都想用工具来两下,这是人的本性。正所谓"一个人只握着一把锤子时,无论遇到什么问题,都会觉得它看起来像钉子"。可是有些问题,在你用锤子锤下的一瞬间便永不可修复。所以,遇到问题时要好好想想自己的工具或方法是否适合。

此外,"不混淆使用工具"与"在理解问题的基础上解决问题"这两点也很重要。SWOT 分析法[1]也好,3C 分析法[2]或 5F 分析法[3]也罢,总有些人以为完成了这些分析就等同于解决了问题。可是分析并不是问题的答案。

---

[1] 编注:即态势分析法,Strengths(优势) Weaknesses(劣势) Opportunities(机遇) Threats(威胁) 的简称。

[2] 编注:即 3C 战略三角模型(3C's Strategic Triangle Model),3C 即 Corporation(公司自身)、Customer(公司顾客)、Competition(竞争对手)。

[3] 编注:即波特五力模型(Michael Porter Five Forces Model)。

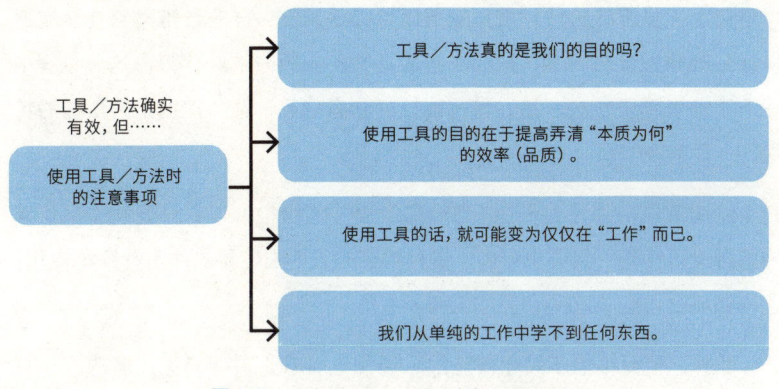

```
使用工具／方法时          工具／方法确实
的注意事项              有效，但……
    ├─ 工具／方法真的是我们的目的吗？
    ├─ 使用工具的目的在于提高弄清"本质为何"的效率（品质）。
    ├─ 使用工具的话，就可能变为仅仅在"工作"而已。
    └─ 我们从单纯的工作中学不到任何东西。
```

图 5-7 使用工具、方法时的注意事项

它们虽然能为后面的战略制订提供重要的参考，却远不能被称为答案。但是，误以为学习了 SWOT 分析法、3C 分析法、5F 分析法等方法就等于找到了解决问题的答案的人有很多。其实，HOW 并不等于本质。

> 🏷 原则上来说，HOW（方法）并不是问题的本质，所以不要一遇到问题就只想到 HOW。首先应该做的是把握问题的本质。

在定义系统的需求时，有时会被客户要求提交相当于直接方法（HOW）的具体方案。比如客户会要求说："请给我做一份×××报告。"其实，在定义系统需求的阶段，不落实于具体方法，效果反而会更好。在较早的阶段就开始谈及具体内容、方法，多数原因在于无法彻底跳出之前的流程。

在定义需求的阶段,首先应该讨论的是用什么样的分辨率将什么信息以什么频率给什么人看,从而思考最适合的执行方法。就算在这一过程中冷不丁地谈到了方法,我们也只视其为参考信息,努力挖掘出方法中的特性,从而触及本质。

使用工具,会让人产生"自己在工作"的错觉。在充分理解工具作用的基础上再使用工具倒也可以,怕只怕还未弄明白工具的作用就开始使用,这样做将很可能难以顺利完成工作。

此外,盲目相信工具也很危险。虽然这种情况并不多见,但的确也有错误操作工具的情况出现。比如使用某电子表格软件时,如果只复制、粘贴某一个单元格,可能会导致原来的格式未呈现,或某一行、某一列错位。所以,工具经充分测试其妥当性后再被投入使用是必须遵守的铁则,若工具未经过充分测试就被运用于重要业务的话,那么重新返工的可能性会非常大。

> 🔖 工具、方法固然方便,但使用时应多加注意。使用工具并不等同于把握本质。
> 🔖 使用工具时,要先弄清楚使用工具会达到的效果。
> 🔖 将工具用于重要业务时,要先对其进行充分的测试。
> 🔖 就算使用了工具,也要对输出的内容进行充分的检查。

为何打高尔夫的前辈的建议无法帮助我们成功

在业余高尔夫球手中，喜欢向球技不如自己的人传授打球经验的人似乎比较多，但那些建议能在他人身上奏效的情况并不多。听说参加职业高尔夫球手的培训就能让球技在短时间内取得较大提升。这到底是为什么呢？

经验较丰富的业余高尔夫球手向别人传授的方法中十有八九是只对自己有效的建议，比如挥杆时身体的某个部位应该朝向哪里，或是身体应该扭动到什么程度。但是，他人与自己在肌肉量、肌肉强度、身体柔韧性、手脚的长度上皆不相同，别人就算百分之百照做，也未必能达到同样的挥杆效果。

打高尔夫的本质在于：让球杆朝着正确的方向以正确的角度、正确的速度击打球体的正确位置。这其实是一件很难的事情。所以，为了做到这一点，高尔夫球手会设置各种检查点，反复进行训练。但是，对一个人有效的检查点放在他人身上不一定适用。被传授的人如果一心只想着如何做到别人教自己的检查点，就会很容易忘掉打高尔夫的本质。忘记本质，一心只想着攻克检查点，那么自己原本摸索出的部分本质也会随之四分五裂。

另一方面，专业的高尔夫教练会在充分了解学员的身体柔韧度及挥杆习惯的基础上进行指导，会考虑到学员的身体特点，再告诉学员对他而言正确的方向、角度、速度、击球位置。所以，专业的高尔夫教练与经验丰富的业余高尔夫球手之间有着很大的差别。

不过，即便是业余高尔夫球手，只要了解我的身体特点、挥杆习惯，他给予我的建议也是有效的。

> 🏷 对自己来说有效的方法,对别人而言未必有效。
>
> 基本原则:不要忘记人与人之间的不同。

"己事化"

把握本质的关键词之一是"己事化"——这是我自己创造的词语,但其他人好像也会使用这一词语,两者的意思是否完全一样姑且不论。

"无论面对什么事,都将其当作自己的事来对待,负责任地用自己的头脑来认真思考",这是我使用的"己事化"一词的含义。"己事化"是"漠不关心""事不关己,高高挂起"的反义词。

对于自己不关心的事情,我们通常不会认真地思考,于是认真思考的机会慢慢变少,认真思考的能力也会渐渐退化。若想维持思考力、提升思考力,就要试着把所有事情当作自己的事情对待,积极地给自己创造认真思考的机会。

在事物之间的关系日趋复杂、复杂化的速度也日趋加快的当代,任何事情都有可能与自己相关。认为那些发生在遥远国家的战争、疾病与我们无关,其实很危险。

但是,我发现很多人明明生活在日趋复杂的世界,却限定自己对事情的关注范围。我曾听到有人解释说，是因为如今的世界太复杂、太难了解了。但事实上，我们想了解的信息都可以立刻通过手机查到，现在的环境已经比以前好太多了。

我提出的"己事化"，是要养成一种习惯——哪怕对于那些与自己毫无关系的事情，也要视为自己的事情来认真思考，也就是养成思考"这个话题的本质是什么""这个话题会给我的生活带来怎样的影响""我在这件事上能够做些什么"等问题的习惯。

若凡事总采取"事不关己，高高挂起"的态度，那么，久而久之，我们将会丧失思考的能力。所以，希望大家能够从"己事化"中受到启发，一定要尝试让自己养成积极思考各种各样问题的习惯。

> ✎ "己事化"：对于任何事情，都当作自己的事情，认真地进行思考。
> "己事化"有助于提升我们的思考力。

PART

6

幸福思维和幸福导向

对我们来说,"成功"是什么

之前我也提到过,我认为个人的幸福很重要。在庆应 SDM 的课堂上,我也常对学生说,项目取得成功的关键在于"QCD",但更为理想的结果是在达成 Q(Quality ＝品质)、C(Cost ＝费用)、D(Delivery ＝时间)的同时,也使 P(People ＝个人)感受到进步带来的成就感,也就是实现 QCD ＋ P。

在我看来,为实现项目成功而牺牲个人的幸福是不可取的,没有哪个项目的成功与个人的幸福毫无关联,所以我坚信项目的成功与个人的幸福定能同时实现。

让个人在参与项目的过程中感受到幸福且使项目获得成功,是最为理想的状态。

"通过使项目取得成功实现个人的幸福"也很棒。但是,因为人是脆弱的动物,所以无法保证人们能始终保持这样高尚的想法。我认为,如果将"个人的幸福"与"项目的成功"这两个目标绑定,那么以实现个人幸福为目标的人执行起来就不会那么勉为其难了。

而处于项目经理位置的领导,应该让项目组成员相信"项目的成功＝个人的成功"并承担起相应的职责。项目经理应具备的最重要的素质就是,无论项目陷入何种境地,都能想尽一切办法促使项目成功。

> 🔖 设定能够同时实现"个人的幸福"与"项目的成功"的目标。

当你把自己的生活视作一个项目的时候，请试着给这个项目制定项目章程。

比如，拥有什么能让自己感到幸福？决定自己幸福与否的前五个（十个也可以）重要要素是什么？实现这些要素的前提、条件是什么？思考这些问题绝非徒劳，与此同时，为这些决定自己幸福感的要素排个先后顺序也很重要。

怎样的价值观对于自己比较重要？在思考的过程中，可以列出十个左右让自己感觉舒服的形容词、形容动词[1]、副词（若脑海中浮现的是动词，也可以列出），然后给它们依次排序。同时还可列出十余个让自己感觉不舒服的修饰词，从反面映衬前述词语是不是真正让自己感觉舒服。

顺道提一句，在我列出的让自己感觉舒服的修饰词中，最具代表性的当属"自由的/自由地"，而让我感觉不舒服的词语则是"强迫""命令"。因为我原本就不喜欢被别人强迫做某事，所以你只要告诉我一件事的目标和限制条件，把剩下的交给我自己想办法去做就好。

> 🖊 项目成功的定义是实现 QCD + P。
> 自己对幸福的定义是什么？明确对自己而言最为重要的价值观。

---

[1] 译注：形容动词，在日语中是一类单独的词，是具有形容词意义的一种用言，属于实词，有活用变形，即兼具形容词的意义和动词的活用。

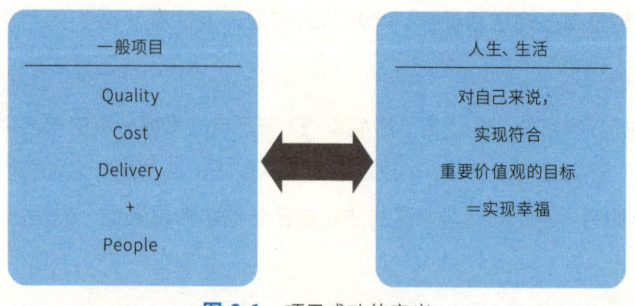

```
┌─────────────────┐        ┌─────────────────┐
│    一般项目      │        │    人生、生活    │
│                 │        │                 │
│    Quality      │        │   对自己来说,    │
│    Cost         │  ◄──►  │    实现符合      │
│    Delivery     │        │  重要价值观的目标 │
│      +          │        │    =实现幸福     │
│    People       │        │                 │
└─────────────────┘        └─────────────────┘
```

图 6-1 项目成功的定义

需要提醒的是,有些幸福也是其他幸福的前提,所以我们应该优先实现这些幸福。此外,在自己列出的幸福要素之间,也可能会出现二律背反的情况。遇到这种情况时,可以通过提高一方优先级别或降低另一方优先级别,使双方得以共存。

例如,享用美食和减肥之间存在矛盾冲突。但是,在保持一定的体重和健康状况的前提下,可以设定实现两者共存的范围。因为这样做的本质是同时实现健康与享用美食。

毕业求职:感受各种缘分,按照自己的方式思考

庆应 SDM 有很多学生,其中有一些本科毕业后直接读研的年轻人,他们常常与我谈起自己对于求职的担忧,希望从我这里获取一些毕业求职方面的经验,所以借此机会,我想谈一谈我在毕业求职时的经历。

我所念的东大寺学园是一所初高中连读的学校。虽然后来学校搬迁了，但在我上学的时候，学校还位于奈良公园内，所以我每天都是望着南大门走进学校的。不夸张地说，坐落在东大寺院落内的学校，环境相当得天独厚。

在我们学校，高中的文科课程会在高二上半学期结束，理科课程则会在高二下半学期结束。在完成所有理科课程之后，我决定改学文科，也就是成为人们常说的文科转班生。虽然我也一直认为自己选理科是理所当然的，但因为我从初二到高二一直担任文科社团中成员人数最多的科学社团的团长，而且当我开始认真思考自己的未来走向时，我发现自己更喜欢待人而非待物，所以我决定选择文科。在文科的院系中，我选择了与理科知识关联较为密切的经济学系。

虽然我运气不错，如愿读了自己想要学习的学科，但比起经济学，我对心理学、领导力的兴趣更为浓厚。我看过父亲的很多商务类书籍，不过花费时间最多的还是麻将类书籍……

毕业求职期，虽然没有真打算去哪家公司上班，但求职是社会实践的一部分，我还是参加了不少公司的面试。比较幸运的是，当时的日本正处于泡沫经济崩溃之前，是彻底的卖方市场，而且那些职场前辈为我们描述的职场生活也相当刺激、诱人。虽然当时我婉拒了那些公司，但我还是要对那些愿意给我机会并与我分享人生经验的前辈表示感谢。

在决定未来进入哪个行业工作时，要以广阔的视野尽可能多地了解不同的公司，多与各行各业的人士交流，然后在此基础上深入思考。

当时并没有如今这么方便的沟通工具，互联网也未普及，智能手机还未出现，所以当时人们能够从社会中获取的信息非常有限。比起过去，如今真的方便很多，我们可以通过网络等途径瞬间获取自己想要了解的所有信息。

虽然当时我拜访了形形色色的企业，见到了许多不同行业的前辈，但我还是拿不定主意该选择哪个行业、从事什么工作。

有一天，我和父亲深谈了一番。他非常严格，也很有远见，而且对我充满了期待与关爱，所以我很尊敬他。虽然我上初中、高中的时候没少与父亲发生争执，但在进入大学后，我对父亲的态度也随着成长渐渐发生了变化，我甚至开始觉得，与父亲保持一定的距离，结果会更好。

应把"成长"放在首位

"您觉得进入哪个行业工作比较好？未来发展空间较大的行业是哪些？"

父亲沉着地回答了我。或许是难得听到儿子主动求助，父亲略露喜色。

"有一点我是可以确定的……"

"不愧是我老爸，关键时刻总能帮我一把。"

"你想了解的未来，肯定不只是短短数年后。你刚步入职场时，即便进入了发展速度飞快的行业，也没有多大意义。等到你积累了一定的工作经验、正值壮年且社会经济形势呈现好势头时，你或许能大干一番或做一些有趣的工作。这么算来，你问的应该是二十年后有发展前景的行业……"

"原来如此,我老爸就是厉害,说得一点儿也没错。"我的期待感进一步提升。

"有一点可以确定,老天也不知道二十年后有发展前景的行业是哪些。在我毕业求职的那个年代,最兴盛的产业是造船业和纺织业,所以当时班里成绩好的同学纷纷进入造船业、纺织业工作。而我上学时总玩帆船,学习成绩一直不太好,所以没能进入造船业、纺织业工作。可是事到如今,恐怕连造船业、纺织业本身都已经不复存在了吧!"

当时,日本的造船业、纺织业已然跌至谷底。虽然这两个行业如今已通过转型重获新生,但它们当时的境况真的惨不忍睹。

听到老爸如同方针般的回答后,我顿感自己扑了空。之后我们又聊了一会儿,但聊的是什么,我已经记不清了。

后来,我反思父亲的话,才发现我应该思考的重点或许不在于"行业"。

"不拘泥于进入哪个行业,而是思考自己想做的工作是什么、想通过工作成为什么样的人。"

上大学时,我没有学习过任何能直接运用于工作的知识,也深知自己不具备即战力[1]。若硬要说自己有什么竞争力的话,恐怕只有掰手腕和打麻将了。

既然自己不具备即战力,那么在年轻时拥有更多成长的机会也就显得尤为重要。鉴于此,我把"成长"二字放在了求职要点的首位,要求自己首

---

[1] 译注:所谓即战力,就是即使进入全新的环境,也能够通过冷静地观察发现事物的本质,继而迅速做出正确的判断与计划。

先通过工作掌握身为职场人的基本素质。

我是一个不喜欢按照别人的指示去做事、不喜欢安逸的人。我知道自己尚且是个职场新手，也没什么可失去的，所以我的选择范围很广。大企业、中小企业甚至外资企业，都被我列入了考虑范围。

此外，虽然目前尚无从得知未来具有发展前景的行业是哪些，但我可以把发展趋势不错的行业视为工作对象。因为父亲很喜欢看大前研一的书，我也常常拿来看，所以我早早地就对咨询行业产生了兴趣。

听说父亲好友的儿子出国留学拿到MBA（工商管理硕士）的学位后直接进入某外资咨询机构工作了，我特意找他取经。他的一番话，对我产生了很大的影响。

虽然英语不太好的我对出国留学毫无自信可言，但我之前一直认为读MBA是一项不错的选择。父亲好友的儿子明确地告诉我："大学一毕业就念MBA太可惜了，要想拿MBA学位的话，还是等积累了一定的社会工作经验后再去做比较好。"

父亲的那番话、我对自己当时最需要的进一步"成长"的认识、选择有活力的行业、大前研一的书带来的启发、父亲好友儿子的经验之谈，这些都成了帮我指明就业方向的参考依据。一切都是缘分。

当时，咨询公司和综合研究所的笔试、面试都比一般企业的难。在参加数轮面试后，我获得了几家公司的录用通知，最终选择进入埃森哲公司（当时叫安盛）工作。当时埃森哲公司对外宣称公司会招聘应届毕业生并对他们开展培训，所以他们对于培养人才的热情对我而言很有诱惑力。此外，我发现他们招聘的并不是单一的人才，而是多样性的人才。如今想来，无论是与我一同进入公司的同事还是前辈，其中真有不少另类之人。若非如此，像我这样的不良学生怎么会被录取？我觉得，这一点是埃森哲公司的优势，是它的魅力之一。

如今的学生面临的毕业求职现状和我当时的情况已经大不一样了。从信息化社会的角度来说，如今已进入了可通过网络瞬间获取大量信息的时代。行业研究、企业研究已相当成熟，工作方式也发生了很大的变化，经济全球化不断发展，人工智能也得到了越来越多的运用。

就连第一份工作在人生中的定位也与我当年的情况大不相同了。就算本质没有发生变化，毕业后的第一次就业也已然不是我们人生的目标所在了吧？

若抛开"过得幸福"这个话题来思考问题，将很容易忽略人生的本质。虽然现在已经是崭新的时代，很多事物也发生了变化，但我觉得，让自己和对自己而言重要的人活得幸福这一最终目标并没有发生变化。所以，我真诚地建议大家，毕业求职时要以"幸福思维／幸福导向"为出发点思考问题。

> ✎ 毕业求职时，也要以"幸福思维／幸福导向"为出发点来思考问题。

截至这里，我已经把项目管理的定义、活用项目管理知识的重要要素——思考、把握本质的能力，以及幸福思维／幸福导向这些基本内容讲了一遍。希望大家能够把这些思考方式用于自己的生活中，从而生活得更加幸福。

从下一章开始，我要谈一谈如何将项目管理技巧运用于生活中。

"项目管理"是一个很广阔的概念，它的对象多种多样，技巧也多种多样。我们无法仅仅通过一本书就把项目管理完全讲明白，大家也没必要了解项目管理的全部内容。接下来，我将以时间管理为核心，详细谈一谈对所有人而言都至关重要的"时间"。这既是推动事物顺利发展的有效技巧，也在项目管理技巧中发挥着重要作用，还能在其他很多事情上发挥影响力。

PART

7

创造时间——
磨炼时间管理技术

将项目管理运用到生活中

幸福的构成要素是什么，或许大家的回答会有很多共通的部分，例如健康、家人、兴趣、工作，等等。而实现它们，需要一定的条件和前提。

要想实现这些目标，既需要健康的体魄允许我们做自己想做的事情，也要有可以自行支配的时间以及金钱。谈到健康和金钱，因为人的情况千差万别，所以很难概括出适用于所有人的统一方法，也难以定义其具体标准。

但时间就不一样了，全世界所有人每天都有 24 个小时，无论你有多少钱，也不可能延长每一天的时间，所以有效运用时间，对我们来说不但很有意义，而且提高了我们获得幸福的可能性。

在本章中，我将具体谈谈在项目管理技巧中也很重要的一个分支——时间管理，以及与其相关的技巧运用。

> 尝试以时间管理为核心，将项目管理技巧运用于生活之中。

成本管理与风险管理也能在生活中发挥作用

当然，除了时间管理，还有不少能在我们的生活中发挥作用的项目管理技巧。所以，在正式开始介绍时间管理之前，我想先举几个项目管理范畴内的其他分支的例子。

成本管理是比较容易理解的。因为在日常生活中，我们也需要在有限的预算内计划生活开支。其中既有每个月按时支出的房租、订报费、保险费等，也有突然要给的红白礼金。

一旦遇上红白事较为集中的月份，就容易陷入难以支付孩子学费或生活费见底的窘境。所以，要想结合各种开销所需，避免资金周转不开的情况发生，对生活收支进行成本管理就很有必要。

在项目中实施成本管理时，首先需要明确项目成本，然后依据成本制订项目计划，并在预算范围内实现项目运营。在生活中，我们也需要依据收入制订预算。不过，我们在预算范围内支付生活开支的同时，还要考虑如何增加收入。

虽然我们常常很难在项目中灵活运用项目预算（至少依据我的经验来看是这样的），但在生活中，我们还是要积极考虑增加主业以外的其他收入。

在项目中，有时候项目大纲会增加或项目前提会发生变化，此时项目预算也得随之变化。

生活中也是如此，即便制订好了生活预算，但当某些客观条件发生变化时，我们也需要重新调整计划。

再谈一下风险管理。乍一看，风险管理似乎和我们的生活没什么关系，但事实上，两者之间不但有关系，关系还很大。购买人寿保险、医疗保险、火灾保险其实正是风险管理中颇具代表性的手段。

所谓风险，指的是尚未发生但有可能发生且会对项目造成一定影响的事情。而风险管理，则指的是认识、评估风险并采取对策。不过，有些时候，明知风险存在却未采取任何对策，也是一种对策。

"不知道风险的存在而未采取对策"与"明知风险存在而未采取对策"截然不同。明知风险存在而未采取对策，是因为知道风险带来的影响很小，采取对策所消耗的成本更高。

生活中存在的风险有很多，比如受伤、生病、房间起火、发生车祸等等。对于这些风险，我们应该预估其发生概率、发生后带来的影响以及考虑采取何种对策应对，然后，合理判断哪些保险是有必要的、哪些保险是没必要的。

除了保险以外，风险管理也运用于其他很多地方。当我们预估到已制订的计划恐怕无法顺利推进时，思考一套B计划（备选计划）也是一种风险管理方法。

比如，假设我们需要到一个陌生地点给新客户介绍产品，那么我们临行前不单要计划好一条线路，还要考虑"万一地铁、公交车晚点，怎样才能准点到达"，这就属于风险管理。越是必须万无一失的情况，风险管理也就越重要。

我在前面讲了依据时间管理制订计划的重要性，其实，风险管理的思路也与制订计划息息相关。

人力资源管理可以灵活运用到对孩子的教育上，沟通管理、干系人管理可用于地方自治团体、亲戚关系等人际关系，以及保证公司常规业务的顺利开展。

此外，采购管理可以灵活运用到盖新房、买车等采购大型物件的情况。

> 🔖 理解了项目管理的本质，就可以把项目管理的各种技巧灵活运用于生活中。

用时间管理创造时间

如何将项目管理技巧运用于生活中？若从这个角度来定义"时间管理"，我认为应该是，在某段时间内，用最有效的方法做符合自己的价值观的事情。

其中包含了选择在某个时机该做的事情、制订有助于顺利开展此事的计划以及落实计划等过程。不仅如此，当事情难以按计划顺利开展时，还需要及时调整计划，并找出问题的原因，采取对策。"最高效地做事"意味着将输出的价值最大化，而将消耗的体力、能量、成本等降到最低。

优先顺序和限制条件

一个项目需要很多人共同运作，重要环节也不能依据个人的判断而被

```
                                           ┌─ 不可忽视积极性
                  ┌─ 确保有做事的充足时间     ├─ 把握正确的相关性
                  │                         ├─ 预估积极性
                  ├─ 依据优先缓急制订         ├─ 制订计划
时间管理＝以最高   │   正确的计划              ├─ 认识现状和预测未来
的效率完成应该做  ─┼─ 争取按计划执行          ├─ 认识难题、风险
的事情            │                         ├─ 识别计划与实际成果之间的差异
                  ├─ 使计划变得更完善        ├─ 把握计划/实际成果之间出现差异的原因
                  │                         ├─ 对差异原因采取对策
                  └─ 确认计划是否取得        └─ 确认实施对策是否有效
                     了更好的结果
```

图 7-1 时间管理的本质

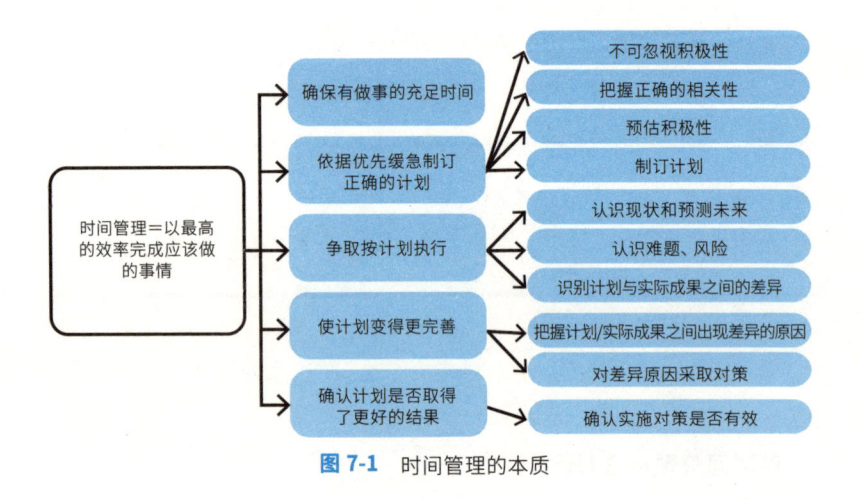

随意改变,所以,项目执行一般都需要遵守项目计划书上的步骤。

但是,换为个人项目就不然了。相比于团队项目,个人的事情灵活性更强。我们可以根据自己当天的身体情况、精神状态,灵活地选择自己最想做的事情来做。

我认为,即便遇到了非常重要的事情,有时也不应该硬逼自己在身体状态不佳的时候做。在多数情况下,个人的事情都允许我们根据自己的情况灵活调整优先顺序。灵活运用这一点,在参考个人的身体情况、意愿等限制条件的基础上做出合适的判断,不是吗?

在给事情排列优先顺序时,多数情况下人们会说,应该根据事情的重要性、紧急程度、难易程度判断。

这样做虽然没错,但我认为这应该是在良好的身体状态、精神状态以

及恰当的环境下遵循的优先顺序。若是很容易受到身体和精神状态影响的事情，那么依据身体和精神的状态灵活调整计划才是合理的做法。

比如，有些家长不考虑孩子身体和心理状态，一味要求孩子："你必须把该做的事情做完，你现在必须好好学习。"可是如此教育孩子，效果通常并不理想，这其实与上述道理相同。

所以，我们在思考"如何做才能达到最高效率"时，还应该多思考一下"在怎样的时机做才能达到最高效率"。

若是能力较强的人，即便处于主观意愿较低的状态，也有可能完成某些"工作"。但是，在缺乏主观意愿的状态下"学习"是非常困难的。人往往是在不断的"学习"中成长、进步的，所以我们绝不能轻视这一点。

> 🔖 若想达到最高效率，依据身体情况、主观意愿等限制条件选择合适的时机做合适的事情很重要。

下面，我想列举拟定先后顺序时必须考虑的要素。虽然需要重点考虑对自身而言的重要性，但也有必要考虑之后的流程。

比如，在自己的工作完成后，还有其他人接续工作。若自己的工作是最后一道工序，那么我们只要在合理的时间范围内、合适的情况和环境下完成这项工作就可以了。但如果后面还有其他人接续工作，我们就必须给下一个人留出充足的时间。

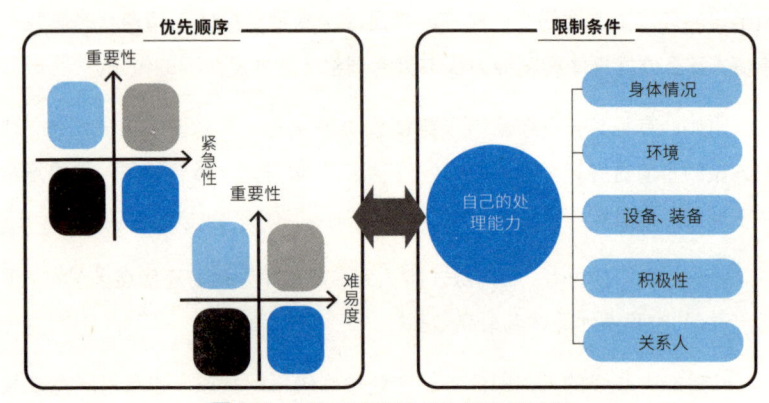

图 7-2　制订考虑事情优先顺序的计划

如果自己在后续工序中还要工作，那么自己完成当前这道工序并交到下一个人手上的速度，将决定自己操作下一道工序时能否具有充足的时间。

虽然我们常常提起"想做的事情"和"应该做的事情"，但除此以外，我们还需要关注这些行动可能带来的影响。思考这一问题有三个重点：这是"立即见效"的，还是"需要过些时间才能见效"的？能取得"短期效果"，还是"持久性效果"？会"带来积极影响"，还是能够"减轻不良影响"？

若是"立即见效"、具有"持久性效果"且在"带来积极影响"的同时"减轻不良影响"的事情，我们就应该提前其优先顺序。若是每天做一些，坚持一段时间后才开始慢慢出效果，且效果是永久性的、带来很好的影响的事情，我们就要立刻去做（尤其是对于年轻人来说，越早开始做这些事，便能越早地感受到做这些事带来的好处）。

我们不仅要关注身体负担，还要关注心理负担。不同的人所感受到的心理负担存在很大的差异。既有对每天工作 5 分钟毫无心理负担的人,也有对于每天工作感到有心理负担的人。

"每天完成 5 分钟的工作"和"每周完成 30 分钟的工作",哪个造成的心理负担更重些呢?答案因人而异。比如,洗衣服。如今,只要把洗衣粉放进洗衣机然后摁下开关,洗衣机就能帮我们完成所有工序并把衣服洗干净,所以在等待衣服洗好的间隙,我们完全可以做其他事情。但要注意的是,清洗衣物的量与晒衣服的工作量是成正比的。一个人独居时,每天晒衣服的时间最多 5 分钟左右,但是如果积压一周才洗一次衣服,那么晾衣服的时间恐怕会延长至 30 分钟。你是觉得"每天 5 分钟"带来的心理负担重,还是"每周 30 分钟"带来的心理负担重?我的感觉是,"每天 5 分钟"的心理负担轻一些。

思考优先顺序、相关性时应该注意的问题有很多:
- "想做的事情"和"应该做的事情"。
- 产生效果的时间:"立即见效""需要过些时间才能见效"。
- 效果的持续时间:"只在一定时间内有效果""一旦掌握,永久有效"。
- 效果的种类:"能带来积极影响""能减轻不良影响""既能带来积极影响,也能减轻不良影响"。
- 负担的种类:"身体负担""心理负担"(也有两者同时存在的情况)。

了解所需时间,然后创造时间

在生活中,我们往往很难找出尝试新事物的时间,这就需要我们主动创造时间。所谓创造时间，不是说把一天的 24 小时延长至 30 小时，而是通过缩短做常规事项的用时来创造出尝试新事物的时间。

那么，我们究竟该创造出多长的时间呢？如果不了解自己想做的事情需要多少时间，就一味去缩短做其他事情的时间，只能说这是鲁莽的挑战。

正确的做法是，既要有想做的事情，还要知道，每周大概需要挤出多长时间来做这件事，以及是否有可能做成。

但令很多人意外的是，为做一件新事情而腾出时间其实很难。原因有很多，其中之一就是，很多人不知道生活中有哪些地方可以挤出时间。大多数人的生活节奏几乎以周为单位，但奇怪的是，很多人并不太了解自己的一周是如何度过的。

比如，当被问到"你的睡眠时间有多长"时，人们通常只能回答出一个大概的数字。而且，睡眠时间并不是指从躺到床上到从床上起来的这段时间，而是指从入睡后到睡醒的这段时间；睡眠还分为深度睡眠和浅度睡眠，也就是说，我们还要考虑睡眠质量。

我再问大家一次："你了解自己的睡眠时间以及深度睡眠、浅度睡眠的情况吗？"

或者再问大家另外一些问题："你每周的开会时间有多长？真正该参加的会议到底有多少次？工作中花费的交通时间、等待时间又有多长呢？"

我想，能够立刻明确回答出这些问题的人屈指可数。

要想创造时间，首先得充分了解自己的生活。只有做到了这一点，才能发现生活中可以挤出的时间。而"被浪费的时间"越多，创造新时间也会变得更容易。

这里所说的"被浪费的时间"，包括做与自己价值观不符的事、做主观上不想做的事、明显低效率地做该做的事情等所消耗的时间。

此外，那些必须花费但有可能进一步提高其利用效率的时间，虽然不属于"被浪费的时间"，但是也可以通过合理、高效的运用，创造出新的时间，所以也是可以被列入其中的。

从我的经验来看，"被浪费的时间"大致包括以下几方面：

- 会议、商谈开始前的等待时间。因为前一个会议延长，而被迫在会议室等待的时间等。
- 因为惰性，看了本不打算看的电视节目所用的时间。
- 看想看的节目时插播的广告时间。（以前我在课上讲到这部分的内容时，曾给班上一位在广告公司工作的学生带来了一次不太舒服的感受。但是，你在看想看的节目时，我建议你还是跳过广告。不过，想通过观看广告了解市场动向等情况除外。）
- 因为宿醉而什么也干不了的次日清晨。
- 本想玩会儿手机游戏放松一下，却入迷地玩了很长时间。
- 换乘电车时的等待时间。
- 被迫参加了不太想参加的聚会，吃完饭后又接连参加了第二次聚会。
- 本想换个心情所以去休息室与同事聊天，谁知聊完后心情更糟了。
- 花费在路上的时间。（花费在路上的时间是难以避免的，但如何利用这段时间是我们可以掌控的。）

当然，继续列举下去恐怕是列举不完的。不过，认识到自己的生活中究竟有多少时间也如同上述示例那样被白白浪费掉很重要。

以前我调查某家公司业务员的时间使用情况时，发现这些业务员与客户见面前的等待时间甚至比与客户见面后的商谈时间还要长，而且他们在等待客户的时候并没有做什么像样的工作。

业务员需要拜访多位客户时，通常会空出一些间隔时间。如果不空出这些时间，万一发生什么不测，他们便会面临迟到的风险，所以空出一些时间也是迫不得已的做法。但是，明明知道会空出一些时间，却没有想过好好利用这些时间，就太可惜了。

如今科技发展迅猛，越来越多的工作不一定非要在公司完成。手机办公已经成为可能。

为了充分利用零散时间，我通常会提前准备好一些零散的工作。比如，我会提前准备一些无须尽快完成但又必须在一周内完成的小工作。我建议大家选择那些无须怎么动脑、只要有时间就可以完成的工作。我们没有必要在大脑状态特别好的时候做那些工作，用一些零散时间应对即可。

当你开始记录时间时，你会发现，一天内的零散时间其实有很多。再忙的人，一天也能抽出 30 分钟的零散时间。而且，对于那些工作特别繁忙的人来说，压缩出这些零散时间用于调整状态、休息，也是很好的减压方式，即便不在这些时间内做什么具体的事情，你也可以利用这些时间好好地休息、放松。相反，如果只是漫无目的地用这些零散时间玩手机，那这些时间就变成"被浪费的时间"了。

不过，有一种情况——我把它称为"Time Spoiler"（时间掠夺者）——能够将好不容易被有效利用的时间瞬间变成"被浪费的时间"。

这一情况必须注意。比如，工作时突然打来的电话，而且不是那个时间段非接不可的电话。我通常只会在这三种情况下使用电话：情况紧急时；正在处理某项以时机为重的事情时；遇到不打电话便无法解决的事情时。打电话的确有打电话的方便之处，但是，对于打电话的人而言方便的时刻，对于接电话的人而言就未必方便了。即便只是一分钟的电话，也有可能毁掉接电话的人的最佳状态。

突然的来访者也是如此。总而言之，不考虑对方的情况，哪怕只是夺取对方的片刻时间，也有可能影响对方的效率，我们尤其需要注意这一点。

在公司办公室工作时，当然会有突然打来的电话和突然到访的客人。因为其中可能会有必须在那个时机讲的事情，所以我们不能一概拒绝。但是，我们高度集中注意力工作时，应该极力排除那些有损工作效率的妨碍因素。

我从不搁置邮件不处理，所以周围多数人都知道我会认真看他们发来的邮件。可能是出于这样一份安心感，周围很少有人给我打电话。而那些让别人觉得他很可能没有看邮件的人，必然会接到较多的电话，其实，这只会进一步降低当事人的工作效率。

认识到"被浪费的时间"，想办法有效运用这些时间，尽可能排除"有碍工作效率的时间掠夺者"，才能"创造时间"。

如果已经通过一番努力实现了对于重要工作、事情的高效处理，工作中也没有了"被浪费的时间"，那么我们将很难进一步创造出新的时间。遇到这种情况时，我们需要对现有事情和新事情的优先顺序进行重新排序。

> ✒ 要创造时间，首先需要充分了解自己的生活。
> 不了解自己的生活，将很难找出那些"被浪费的时间"。
> ✒ 准确找出"有碍工作效率的时间掠夺者"，努力排除它们的干扰。

还有一个原因在于，我们不知道做这件事所需要的时间。我们发现想要完成一件事情时，可以把它细分为几个部分，然后把每个部分所需的时间加起来，这样就可以预估出一个较为精确的时间。

就像我们平时的学习一样，规定每周上两个小时的课以后，大家就比较容易明白自己该怎么做了。如果每周上两个小时的课，外加需要在家里练习两个小时，那么每周就需要创造出 4 个小时的时间。

但是，有时我们可能无法了解应做之事的详细情况。遇到这种情况时，可以参考以前的事例或类似事例。自己若是有亲身经历的事例肯定最好，如果没有，那就上网查一下相关信息。

比如，我决定每周读一本商业类的书籍。因为我的阅读速度很快，所以只要集中注意力，我大概可以每小时看 100 页。精装的商业类书籍的总页数有 300～400 页，小型丛书版的书有 250～300 页，由此来看，我每周只要腾出3～4个小时的时间，就可以完成每周看完一本书的计划。

读书的速度因人而异，同一个人对于不同类书籍的理解程度也不一样。在工作日，我们完成工作后，可能会因为疲惫而提不起劲，所以周末的精神状态可能会更好一些。总而言之，如果能够明白书籍类型的不同，以及工作日、周末阅读速度的不同，我们便能够制订出更为精确的时间计划。

> 🔖 做自己想做的事，要掌握做这件事所需的时间。

为了实现这一点，充分了解自己的生活很重要。

说点题外话，有的人几乎总是无法在约定的时间内结束工作。这样的人既不是工作不认真，也不是马虎，而且人还很好，但他们就是总要比约定好的时间晚一些完成。这些人如果能养成记录自己生活的习惯，是有可能改善这种问题的。

简而言之，这些人通常喜欢"轻易允诺别人"。他们以为在较短的时间内完成工作能够令对方高兴，常常按照自以为的最短时间许诺别人。可是他们忘了把用于确认工作完成情况的时间以及应对突发情况的时间算进去，所以，从结果来看，他们往往会晚于约定好的时间完成工作。

遇到这种情况时，虽然我们也明白对方已经努力了，而且比预定时间

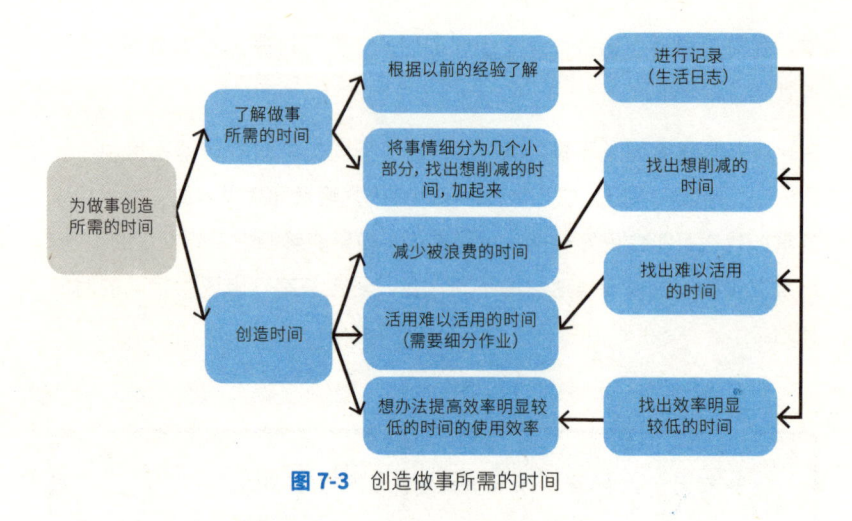

```
                                    ┌─ 根据以前的经验了解 ──→ 进行记录
                   ┌─ 了解做事        │                      (生活日志)
                   │   所需的时间 ──┤
                   │                │  将事情细分为几个小        找出想削减的
为做事创造          │                └─ 部分，找出想削减的时 ──→    时间
所需的时间    ──┤                   间，加起来
                   │
                   │                ┌─ 减少被浪费的时间
                   │                │                       找出难以活用
                   └─ 创造时间    ──┤  活用难以活用的时间  ──→    的时间
                                    │  (需要细分作业)
                                    │
                                    │  想办法提高效率明显较        找出效率明显
                                    └─ 低的时间的使用效率  ──→    较低的时间
```

图 7-3 创造做事所需的时间

稍晚一些完成工作也没有太大影响，不会引发什么严重问题，但是，这的确会在某种程度上影响当事人的信誉。这真的太可惜了。

　　了解自己的工作效率和使用时间的习惯，有助于提高按时完成约定的可能性。在下一章中，我将向大家介绍记录自己生活(写生活日志)的好处。

PART

8

记录生活日志

生活日志：充分了解自己生活的工具

虽然记生活日志（Life Log）是时间管理的重要手段之一，但很少有人真正付诸实践。

为了督促大家真正去做，我专门设置了一章详细说明这部分内容。与此同时，我还会介绍在这个过程中很重要的工具——手账（带日历的记事本）——的使用方法。

我曾反复强调，无论从哪个角度来看，充分了解自己的生活都非常重要。但出人意料的是，我们并没有正确掌控自己的生活。认真记录生活，不但能够帮助我们了解实际情况与理想的差距，还能作为我们制订计划时的有效参考。

记录自己的生活，即"（写或记录）生活日志"。

写生活日志的方法、工具多种多样。近年来，为了让大家了解自己的活动量，市面上推出了很多记录身体运动、脉搏、睡眠深浅情况的机器。睡眠时间占据了我们的生活时间的一部分，是保持健康的重要指标。我建议大家通过高科技产品获取自身的运动量、脉搏、睡眠质量等情况的同时，也通过手账记录生活。

我就在使用智能手环测量自己的运动情况。它能够实时测量、记录我的脉搏次数和睡眠深浅，性能优异。运动手环的设计很像以前的数字手表，充一次电能用很长时间，所以从性能的角度来说，我对它非常满意。

在本章中，我将从各个角度介绍记录生活日志的意义。但希望大家记住一点：记录生活日志归根结底只是一种手段，只有灵活运用这些数据，并借此逐渐打造自己理想的生活，这一手段才算有意义。

> 🏷 记录生活日志非常重要，且有显著的效果。不过，记录生活日志归根结底只是一种手段，并非本质。只有灵活运用记录所得的数据，一切才有意义。

记录工作、生活的效率

我个人就长年使用手账记录生活、工作的效率。

对于工作上的事，我通常会用"◎""○""△""×"这四种符号分级评价、记录。比如周一上午九点到十点有一场公司例会，如果我在开会时高度集中注意力、获得了很好的工作效果，我就会在上面记一个"◎"；如果注意力不是很集中，我会标记一个"×"。

我基本上会对所有工作的效率进行评价，先分早、中、晚三个时间段依次进行评价，然后对一整天的工作效率进行综合评价。坦白地说，我并没有严格的评价标准，"○"与"△"之间的差异全凭我个人的主观判断，即便如此，我依然能看出一个明显的倾向。

包括我在内，我们的生活几乎都毫无例外地按周循环着，大多会在特定的日子计划好需要完成的事项。

虽然在与某个重要客户相关的项目发生变更时，我们的周循环会随之发生变化，但从一整年的情况来看，我们还是能明显看出自己的效率较高的时间段/星期几，以及效率较低的时间段/星期几。

我把效率高的时间段称为"天才时间"。如果某段时间只是效率略高，我不会称之为"天才时间"。"天才时间"指的是比一般情况下的效率高出数倍的特殊时间段。

我很早就发现，我时常会有一些连自己都感到震惊的高效率时间段。可是往往在我感叹"自己的状态很不错"的时候，"天才时间"就悄然结束了。

在身体状态不佳的时候，"天才时间"不会光顾，所以良好的身体状态是拥有"天才时间"的重要前提。此外，人际关系出现问题或发生家庭矛盾时，"天才时间"几乎不会光顾，由此来看，我认为心理状态对做事效率的影响很大，"天才时间"需要一个能让我们集中注意力的良好的身心环境。

虽然不同年份的情况会有些不同，但我每周只有4～8个小时的"天才时间"，不是持续的4～8个小时，每次只持续1～2个小时，工作日会出现1～2次，周末可能会出现1次，大概就是这样的频率。

"天才时间"不太容易瞄准和掌控，所以我们只能预估出"天才时间"容易出现的时间段（出现高效率状态的可能性较高的时间段/星期几），并在该时段选择舒适的环境，将其用于重要且需要发挥创造力的任务，而不是用于商量事情、赶路等事项。

> 🏷 了解自己的"天才时间",在"天才时间"出现概率高的时间段以及适当的环境条件下安排重要且需要发挥创造力的工作、生活事项。

此外,即便同为效率高的时间,也分为适合输入(吸取、吸纳)的时间和适合输出(生产、产出)的时间。

适合输入的时间指的是诸如读书时理解力强、阅读速度快等的时间段。适合输出的时间则指的是类似构思课程时能够想到一些好点子、制作出好的资料或上课、演讲时表达流畅等的时间段。在适合输入的时间段,我们往往处于沉着冷静的状态;在适合输出的时间,我们则多处于头脑冷静但情绪比较亢奋的状态。在这两种时间段,我们的性格表现有着明显的区别。

所以,我建议大家从日志记录上找出自己工作效率较高的时间段是以输入为主还是以输出为主。

顺道提一句,从我的记录来看,我在周末较多出现适合输入的时间段,在工作日则较多出现适合输出的时间段。

> 🏷 记录工作效率,了解自己适合输入的时间段和适合输出的时间段。

自认是"夜型人"？可能是因为你没当过"晨型人"

接下来我还想谈谈"夜型人"和"晨型人"。

在课堂上，我问学生们认为自己是晨型人还是夜型人，一大半的人都认为自己是夜型人。但是，其中好像有很多人都没有真正体验过晨型人的生活习惯，就断言自己是夜型人。

一直过着夜型生活的人，突然去过晨型生活，肯定难以瞬间拿出很好的状态。将习惯晨型生活的工作效率和习惯夜型生活的工作效率做比较，才能做出正确的判断。但是，能下决心去体验晨型生活的人太少了。

如果没有坚持一个月以上的晨型生活，就直接拿晨型生活时的工作效率与夜型生活时的做比较，根本称不上公平、公正。

我上大学时，过的完全是夜型人的生活。因为我每周要打两三个通宵的麻将，所以那时的我与晨型生活是无缘的。当然，当时我也坚定地以为自己是夜型人。

但是，当我走入社会开始工作以后，我不再通宵打麻将了，也开始慢慢调整自己的生活节奏，我渐渐地发现，自己其实是晨型人。

所以，希望大家不要这么着急给自己下定论，先试着改变一下自己的生活模式，认真比较一下两种状态下的做事效率，相信你们会有意外的发现。

> ✎ 对自己是晨型人还是夜型人的判断可能只是你假设的结论。

趁年轻，果断尝试改变自己的生活模式，然后认真地对两种生活模式进行比较。

了解自己的睡眠

了解适合自己的睡眠时长、入睡时间、起床时间，在健康管理方面非常重要。记录自己早起时的身体情况以及一天中犯困的次数，就能看出自己前一天的睡眠质量呈现怎样的倾向。

我还在上学的时候，就看了很多关于睡眠的书，对睡眠进行了一定的研究。我得知平均每个睡眠周期大约为 90 分钟以后，就开始按照 90 分钟的倍数来调整自己的睡眠时间。

但是，经过一段时间的记录，我发现自己的睡眠周期比 90 分钟略短一些，为 80 多分钟。虽然每个周期只差了不到 10 分钟，但是睡 4 个周期，就会出现 30～40 分钟的差距。

所以，对我来说，若睡 4 个周期（标准时长为 6 个小时），那么睡 5 小时 20 分～5 小时 30 分是最合适的。按照适合自己的睡眠时长睡觉后，我早起时的精神状态有了显著的改观。明白了这一点，我早晨的做事效率变高也是顺理成章的事情。

> 🏷 了解自己的睡眠，掌握自己的睡眠周期、睡眠类型和实现深度睡眠的条件。

不过，对我来说，早晨还存在另一个问题——早高峰电车。因为我本来就不喜欢去人多的地方，加上膝盖有旧伤，所以我特别抵触坐早高峰电车。

虽然我相信大多数日本人都很善良，但在早高峰的电车上，我完全感觉不到那种善意的氛围。车上的一大半乘客都挂着算不上幸福的表情，很痛苦，很焦躁。对于这种氛围，我非常反感。

所以，我略微提前了自己的上班时间。因为我发现，只要早一点出门，就可以避开让人厌恶至极的拥挤，而且仅仅这一点就能免除大量的体力消耗。

在早高峰电车中能做的事情非常有限，若想看书或报纸，也非常困难。所以我不建议大家在最高峰的时段乘坐电车。与其考虑如何利用好这一时间段，还不如考虑如何避开这一时间段，这样更有效。

我觉得，若不乘坐（或避开）早高峰电车，很多上班族或许能提高工作效率。

前一天的生活方式会影响当日的办事效率

此外，我还发现当天的效率与前一天的生活方式有关。

这一点并不难理解，比如前一天晚上喝了很多酒，那么第二天上午状态不佳也是理所当然的。因为我很喜欢喝酒，所以我一直不太不愿意把第二天的状态不佳归咎于酒，于是尝试了各种各样的实验。我发现头一天晚上喝多确实会影响第二天的做事效率，但影响程度随着酒的饮用量、品种的不同而不同。

虽然我喝的酒的种类很多，比如日本清酒、葡萄酒、啤酒、威士忌、烧酒、龙舌兰酒等，但我知道自己对于每种酒的安全饮用量（不会影响第二天的做事效率的饮用量）。不仅如此，我还就"喝酒时喝多少水最合适"这个问题反复做过实验，所以也很清楚喝各种酒的同时该喝多少水才安全。

因为养成了边喝日本清酒边喝水的习惯，所以我几乎从未出现过什么意外。但与此同时我也发现，自己在喝威士忌、龙舌兰酒的时候总是喝不够水，还发现自己在"醉醺醺的状态下洗完澡直接睡觉"和"清醒后再睡觉"这两种情况下起床后的状态完全不同。从我的情况来看，后者的状态好得多。

如今，我掌握了自己的脉搏、睡眠深浅等情况，有了科学的数据依据。虽然没有通过正规的实验证明，但我记录的数据显示，如果喝酒喝过一定的上限，那么我当天的睡眠质量会比较差，就算我觉得自己尚且清醒，脉搏一整晚也都无法恢复到正常睡眠状态下的跳动情况。所以，不单是为了肝脏，从睡眠质量来看，杜绝连日饮酒也是大有益处的。

> 经常喝酒的人，应该试着思考一下自己与酒的"交往方式"。

把握住那些被浪费的时间

记生活日志有助于了解自己浪费了多少时间。其实，我们在想记录自己浪费了多少时间时，就已经开始减少被浪费的时间了。

记录所有类型的被浪费的时间颇有难度。所以，我建议大家只记录自己关注的那部分时间。比如，想减少等待时间的人只记录自己用于等待的时间就可以了。

举例来说，若能提前 10 分钟去吃午饭，就能节省等待时间。这或许在午休时间管理得比较严格的公司很难实现，但在有一定时间灵活性的公司，员工只须早一点离开办公室，就能大幅减少排队就餐的等待时间。

此外，记录因准备不充分、排序不当而导致返工的时间也很重要。对于这种被浪费的时间，我们应该认真进行 RCA（根本原因分析 / 根本原因解析），找出根本原因并对症下药，彻底改善这一问题，获得恒久的益处。其实，这里面大多数问题都可以通过改善作业流程、进行培训教育的方式解决。

- 写生活日志，可以让我们了解自己浪费了多少时间。
- 错开一些时间，就可以大幅减少等待时间。

```
                                    ┌─ 适合进行输入／输出的时间
                   了解自己动脑效率 ─┼─ 晨型人／夜型人
                   最高的时间段     └─ 了解了就可以了，还是变为
                                       学习的机会？

                                    ┌─ 适当的睡眠时间
                                    ├─ 入睡时机、时刻
写生活日志的效     了解最适合自己的 ─┼─ 快速入睡的条件
果＝不了解自己 ─── 睡眠方式         ├─ 适当的睡眠周期
便无法改善现状                      └─ 其他睡眠相关条件
                                       （酒量、运动量）

                                    ┌─ 等待时间、路上的交通时间
                   把握浪费的时间， ─┼─ 过多的休息时间、情绪调整
                   找出浪费的原因   └─ 低效的时间、返工
```

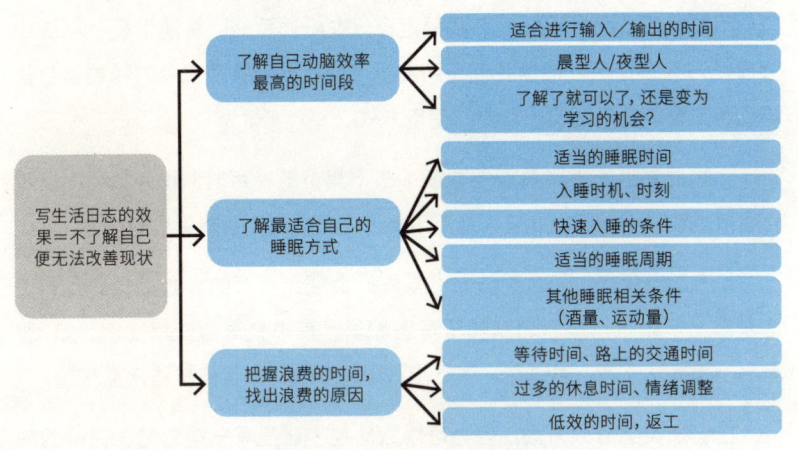

图 8-1 记生活日志的效果

让手账变为生活的宝库

手账不但可以用来记录计划、安排，还是记录实际成效的宝库。

粗略罗列一下纸质手账的特点，大概可以列举：具有日历功能、便于携带、可以轻松画图，等等。但是，另一方面，如今已有越来越多的年轻人开始用智能手机记录计划、安排了。

手机的便携性的确优于纸质手账，而且手机还有制订行程计划的功能。此外，手机与笔记本电脑的数据还能共享，手机上的手账软件与其他软件上的数据也能相互传输。所以，从某种意义上来说，智能手机既具备手账具有的功能，还具备手账没有的功能。比如，我们可以把从网络上获取的信息直接记录在智能手机上，而且能添加图片，真是再方便不过了。

不过，我认为，我们没必要限定自己在纸质手账、智能手机、电脑中选择哪一种来使用。根据我们所用数据的特点以及管理工具的特性混合使用几种工具才是符合现代需要的使用方式。

比如提到纸质手账具备但智能手机不具备的特点时，我会想到可以随心所欲地画图这一点，此外，纸质手账的一览性也比智能手机的优越。

如今，当我产生什么想法时，我依然会使用手写的方式记录。我的做法是拿出一张纸，然后想到哪里写到哪里，其中会混合使用文字、绘图、表格、图片，等等。通过在一张纸上写出许多内容，我让想法任意驰骋。

在记录实际成果方面，因为可以之后在手账上写一些总结、评价的内容，所以，在这一点上，我认为手账也略胜一筹。

但是，另一方面，写在手账上的想法、内容是无法直接被重复使用的，此外，手账也无法计算和分析数据，我们需要另用计算机计算数据，或将数据输入其他计算工具中使用。

我在埃森哲工作时，会刻意区分电脑、手机、手账这三种不同的工具。

因手账自带的方格页比较少，所以我通常会另备一个方格笔记本使用。

对于每周都要大量记录的内容，我会准备一个专用笔记本记录。之后，还会准备一个点子本，也就是通常所说的想法记录笔记本，因为我对随时记录自己的各种想法非常重视。

在安排工作计划方面，我主要用的是微软办公软件Outlook，我会和秘书共享上面的内容。对于私人的行程计划，我则单独使用手账记录，但会在Outlook上把相应的时间段标注为"私人事宜"。因为我想尽量避免

```
                    手账具备
                    的特征
```

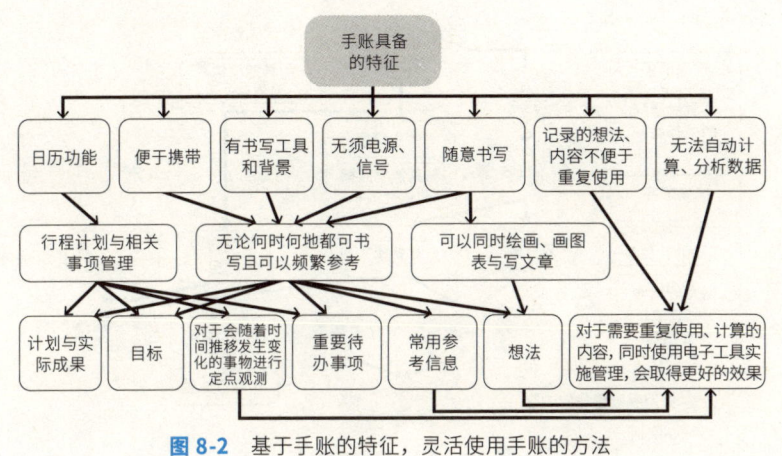

```
日历功能  便于携带  有书写工具  无须电源、  随意书写  记录的想法、  无法自动计
                  和背景      信号              内容不便于    算、分析数据
                                              重复使用

行程计划与相关      无论何时何地都可书         可以同时绘画、画图
 事项管理          写且可以频繁参考           表与写文章

计划与实  目标   对于会随着时   重要待  常用参   想法   对于需要重复使用、计算的
际成果          间推移发生变   办事项  考信息          内容，同时使用电子工具实
                化的事物进行                           施管理，会取得更好的效果
                定点观测
```

图 8-2 基于手账的特征，灵活使用手账的方法

因被动的工作安排而被迫取消私人会面的情况发生。当然，Outlook 上的内容是可以通过手机同步看到的。

因为计划有时也会发生变化，所以我通常使用铅笔记手账。

在进行待办事项管理、实际成果管理、目标管理时，我一直使用手账。这取决于目标管理、计划管理、实际成果管理与待办事项之间的关系。我首先会在纸质手账上写下自己想要达成的目标（无论是在工作方面还是在私生活方面），然后按照月、周、天制订出具体的实施计划表。不过，我不会在刚制订具体计划表的时候先指定必须完成的日期或时间段，而是先大致写出一个达成目标的月份，然后列出每个月的待办事项计划，再就每个月的内容进一步拆分到每周、每天、每小时。

明确了待办事项，我就能将其写入计划表，制订出待办事项计划，然

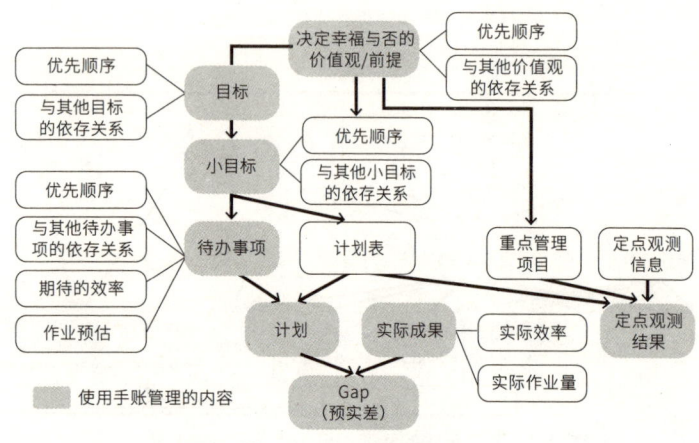

图 8-3 记手账时的思路

后把该计划的执行过程，也就是实际成果，记录下来，再简单写下每个计划的完成效率情况。虽然 Outlook 也具备丰富的功能，完全可以进行待办事项管理和计划管理，但是因为我想把它们与目标管理与实际成果管理汇集在一个本子上，所以我主要采用纸质手账。

此外，与各个主题相关的信息，我也会记录在手账上。比如，在进行个人的资产管理时，我会每天查询并记录汇率及其他与自己资产相关的指标。虽然这些数据也可以在日后查询到，但是按照时间的推移清晰记录自己所需的信息是最为推荐的做法，因为重新查询是一件很麻烦的事情。

当你养成每天用眼睛观察、用手书写的习惯后，你会发现自己对于数字的敏感度也在逐渐加强。当你想要通过绘制图表让数据达到一目了然的效果时，你会发现，有了提前按天数记录的定点观测数据以后，制作起来特别方便。

至于联系方式等经常使用的信息，当然也可以记录在手账上，但我更喜欢用能够与电脑同步的手机软件进行管理。因为若用手账记录这些信息，每当更换手账时，我还需重新抄写这些信息；但用手机记录的话，我就能直接拨出电话。所以，用手机记录联系方式远比用手账方便。

纸质手账最大的弱点在于无法重复使用记录在手账上的数据和内容，所以对于需要重复使用、计算、分析的数据和内容，我更建议大家使用电子工具管理。

当你开始记录计划、实际成果、预约事项、待办事项、与自己所定主题相关的信息的定点观测值等内容以后，你每天会翻看十几次手账。我推荐大家按照这一频率充分运用手账。

虽然多数人认为手账具有非常多的优点，但是，坦白地说，用不用手账还要依据自己的喜好。因为保持一份好心情长期使用手账也是颇为重要的，所以选择手账前，我们不但要考虑它的功能，还要考虑它的触感和外观是否令自己满意。

我选用的手账至少要满足这几点：纵向布局（一天的时间轴是垂直排列的类型）的手账；因为我想一并记录周末的时间，所以周六、周日的格子宽度要与工作日的相同；因为我想同时按日、按周、按月记录应该做的和应该达成的事情，所以手账上需要有相应的记录空间；因为我要记录定点观测值，所以手账上至少要有横跨左右两页且能按月记录的插页。

我在公司工作时，因为要经常参考 A4 大小的文件，所以我使用的是 A5 尺寸的手账。这样一来，把 A4 大小的文件对折后，便刚好能够夹在手账里。如今我使用的是 B6 尺寸的手账、能够放入 A4 纸三折后的活页文件，以及与其尺寸相合的便笺。此外,当我想要保存某些笔记时,我会拍成照片,然后保存在 OneNote 上。

虽然我因钟爱传统文具而没有实现彻底的数字化办公,但我并未因此否定数字化的可能性,因为数字化的确将许多以前的不可能变为可能了。

手账最大的弱点在于难以重复利用其中的信息,所以在记录自己如何使用时间等方面,使用电子工具也是不错的选择,因为这样做可以进行各种各样的数据分析。

> 🔖 选择适合自己的手账,把它当作记录自己实际成果的数据宝库充分运用。
>
> 🔖 了解不同工具的特点,根据需求的不同使用手写工具或电子工具。

实践生活日志:灵活运用手账的例子

接下来,我想向大家介绍我自己灵活运用手账的例子。我所用的手账虽然具备丰富的功能,但其中确实也有已被充分使用和未被有效使用的部分。

比如,我的手账中配有个人往年年表、至今的个人总结表、未来年表以及记录读书笔记的部分，但是我认为这些内容不该以年为单位记录，所以我单独准备了一个本子，专用用来写长期展望等内容，这个本子可以连续用数年。在手账上，我只会把上述内容的精华写入年度计划的目标栏。

这里介绍的书写格式，是我按照自己的需求做的改良版。虽然有些用法已和原本的用法大不相同，但对我而言，它们都是令我非常满意的用法。

正如我之前介绍的那样，我使用手账的特点在于把手账视为实际成果的数据宝库。

我的做法是这样的：首先基于决定自己幸福感的价值观，设定人生目标，把大目标细分为小目标，再写出为了实现这些目标而计划采取的具体做法，即待办事项，然后给每个事项预估完成时间，形成计划，付诸行动。在执行计划的同时，我还会记录计划的实际完成情况，掌握预实差，分析计划与实际成果之间的差异，找出未能按计划执行的真实原因，并采取相应的对策，实现整个流程的良性循环。

正如前文提到的那样，因为我比较重视便携性，所以我现在使用的是B6大小的手账，但是，说老实话，其书写空间对我来说并不够用。虽然我已尽可能地把字写得最小，但空间还是不够用，所以对于预实差的分析结果等内容，我只好先写在便笺上，然后将其贴在本子里，因为预先记录自己的思考过程也是很有意义的一件事情。

此外，我还会给手账配一个能够放入便笺、有存放相关笔记的口袋和笔夹的封套。为了防止手账在包里散开，我还给手账配了一个橡皮材质的绷带，绷带上还带一个小小的笔盒，里面放的是笔夹里放不下的四色圆珠笔、自动铅笔和笔杆形状的橡皮。它们都是非常好用的文具。

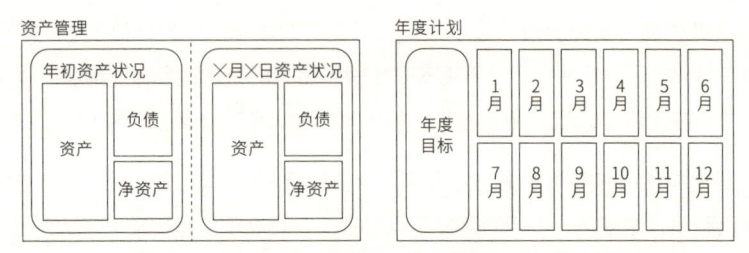

图 8-4 灵活运用手账的示例（资产管理与年度计划）

在资产管理方面，我每天都会用手账记录外汇汇率等与自己资产相关的数据，然后把它们录入制表软件，了解自己目前的资产状况和迄今为止的资产变化走向。这是我每天早上必做的事情。

对我来说，手账不但是管理计划与实际完成情况的工具，还是管理时间、健康、金钱等决定自己幸福与否的前提条件的主要工具。

在实施资产管理的同时，我们还应按照相同的思路对自己实施健康管理。虽然手账中并没有直接给出相应的空栏，但对于重要的健康指标，我会实施同样的管理。

年度计划

- 在前一年年末，最迟也要在当年元旦之前写入年度目标。年度目标应与符合决定自己幸福与否的价值观的梦想或长期目标一致。
- 写入每个月的小目标。
- 尚不确定开始时间的目标只须写入左端栏即可，确定开始时间后，再写入本页的月计划栏内以及后页每个月的月计划栏。

资产管理

- 左侧栏记录年初资产状况详情，右侧栏记录年末资产状况详情。借

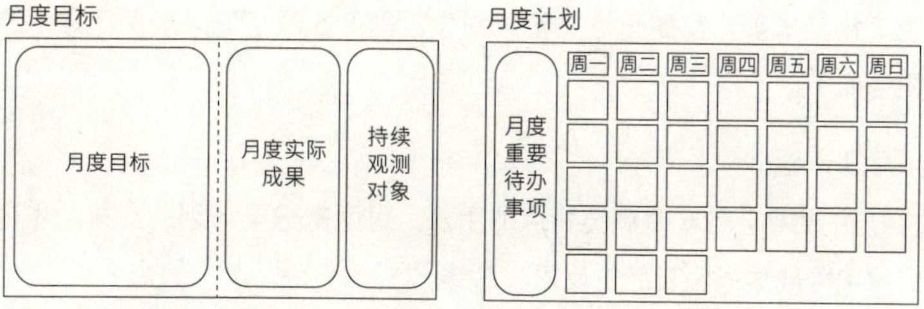

图 8-5 灵活运用手账的示例（月度计划和月度目标）

此记录一整年的资产变化情况。

- 如果资产管理是重点管理对象，则应复印写有年初资产状况的那页内容，每个月或每个季度分别记录一次。
- 资产中的存款、股票、债券、投资用房地产、自家住宅等管理对象按现行市价记录，负债中则记录贷款金额、利率等内容。

请看图 8-5，我想，这种月度计划表应该是多数人都在使用的格式，好像也有人只用这一种格式。

不过，对于详细的计划或需要按周概览的计划，用这样的格式来记或许有些浪费。既然是可以通览全月情况的格式，还是用能够充分发挥这一格式特征的方式比较好。

因为我认为这种格式不但便于了解月内变化，还有助于了解当月做事的频率，所以用它记录实际成果、定点观测结果也是很有效的。

月度目标页在其他手账中很少看到，但它是制订目标与回顾目标达成情况的重要一页。此外，我会按月记录作为持续观测对象的事项，那些每天看来没有什么变化、需要按月观察的事项以及每天都在观察却需要按月记录变化的事项，都属于这类记录对象。图 8-5 就是记录示例，具体的记录要领如下。

月度计划

- 主要用于可发挥概览特点的用法。可用来记录计划、安排，也可用来记录实际成果以及日后的反思、总结。
- 如果在年度计划制订的年度目标中有需要于本月完成的目标，则需将该目标写入左端栏。记录实际成果时，须写出当月的发现与总结。
- 因为这种格式有助于了解月内变化，所以月度计划页也可用来记录身体情况、实际效率、睡眠时长等信息。

月度目标

- 在上月末，最迟也要在本月初写下月度目标。
- 当出现与年初制订的年度目标相关的小目标时，应填入当月月度目标栏，但要记得与年度目标栏的内容保持一致。
- 填入上月末制订的月度目标的实际完成情况。
- 记录持续观测的对象（资产、体重、看过的书等重点观测对象）。

接下来介绍的是周计划的格式（图 8-6）。提起手账，这种格式的表格是最常见的。在我提倡的记录计划与实际成果的活用方法中，详细的记录会在这一页做详细的说明。具体记录方法的要领如下。

周计划

- 上周周末、最迟在本周开始时将本周目标和待办事项写入左侧栏。
- 把本周内明确待办日期的事项分别写入相应的日期栏。
- 把本周内开始但未明确待办日期的事项预先写入左侧栏，一旦确定

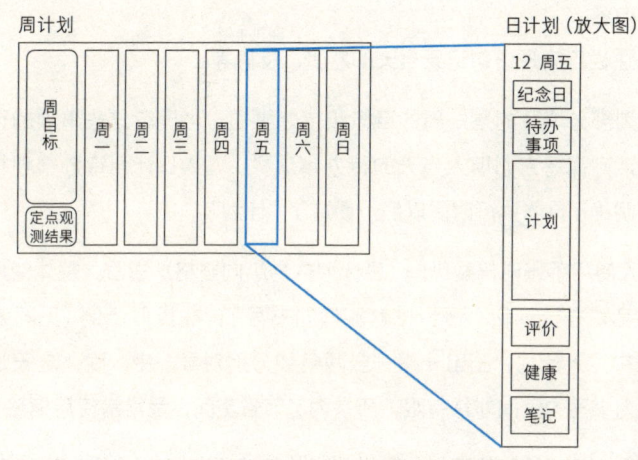

图 8-6 灵活运用手账的示例（周计划与日计划）

日期，便写入相应的日期栏。
- 写入每周的定点观测结果。

日计划
- 若用来记录生活，那么周六、周日的空格大小应与工作日的相同。
- 最上面的一栏用来写纪念日，以防忘记。
- 第二栏写当天的待办事项。将纸页左侧的周目标栏相应的内容抄写过来即可。
- 第三栏写计划和实际执行情况。
- 第四栏对当天的做事效率进行评价，对早、中、晚、全天用◎、○、△、×做出评价。
- 第五栏用来记录当天的健康情况，比如睡眠时间、运动量、体重、饮酒量等内容。

- 备注栏用简短语句记录当天的感受、反思等。

周计划部分填写的是一周的目标和待办事项。当确定这些事项的待办日期以后，则需将它们填入当天的待办事项栏。写入日计划待办事项栏的待办事项明确了具体执行时间以后，便成了"计划"。

我个人使用手账时偏爱纵向（日计划栏为纵向竖格）书写。整体使用纵向书写的话，在计划栏、评价栏就能横向书写了，在类似示例（见图 8-7）中的小栏中写入计划，画出一横一竖两条线分别对早、中、晚、全天进行评价。因为书写的空间非常有限，所以为了节省空间，我常常使用缩略语。

正如图 8-7 所展示的那样，我常使用的缩略语有 M（会议）、T（移动）、P（演讲）、Pre（准备）、V（访问）、G（来客）、L（宴请：午饭）、D（宴请：晚饭）、W（与某人），等等。

这么做并不是为了与他人共用这些内容，而是为了便于自己的书写与理解，因为我非常重视自己日后翻看手账时的理解效率。

我通常用铅笔写计划，用圆珠笔写实际执行情况。

如果某个时间段没有任何计划，我只会用圆珠笔在相应的空栏内记录实际执行情况。此外，如果原计划发生了变化，我不会用橡皮把原计划擦掉，而会标明该计划被调整至日后的什么时间。

当每天的待办事项确定下来并形成"计划"时，要给在每日的待办事项栏里写下的待办事项做出检查标记。如事项无论如何也无法在当天完成，我会在该事项旁边写上"→"符号和新的日期，比如"→ 2/21"。

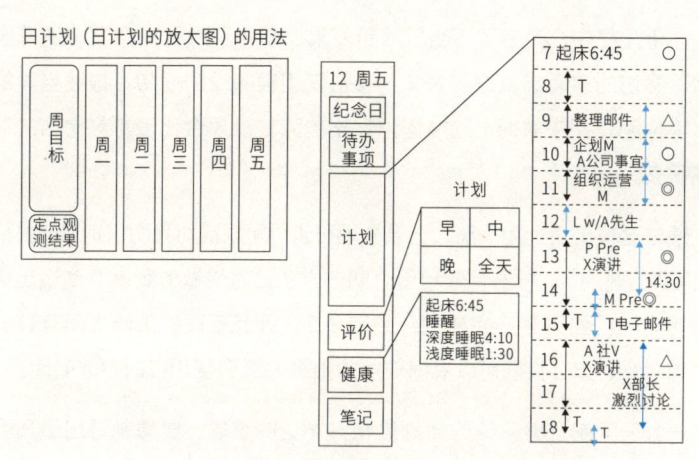

图 8-7　灵活运用手账的示例（日计划的详细用法）

以列出的例子来看（见图 8-7），起床时间是 6 点 45 分，是自然睡醒。9 点开始整理电子邮件，但是效率并不太好。10 点开始开会，从 11 点的会议开始，可以发现我的工作效率渐渐提高了。

中午 12 点到 13 点与 A 先生一起吃了午饭。因为没有"预约线"的标注，所以这顿午餐不是提前约好的，而是当天临时出现的。

从 13 点到 15 点的两个小时原计划是为演讲做准备。因为比较顺利，我在 14：30 就完成了计划，所以用多出的 30 分钟进行了会议准备。这个下午的工作开了个好头，所以对于这段时间的效率评价为"◎"。

健康栏中可以写下睡眠时间。如果喝了酒，需要写下当天的饮酒量。正在控制体重的人，可以在该栏中写入运动时长、所走步数等信息。至于体重本身，我认为使用月计划的格式记录更为适合。

163

在备注栏中,我会写下当日的新发现、新收获以及令自己特别开心的事情、悲伤的事情或发怒的事情。哪怕仅用很简短的一句话描述当天的心情,等你回过头来看时,脑海里浮现出的回忆品质会比没有这句话的时候提高很多。

通过这样灵活运用手账、记录生活日志,可以帮助我们识别自己生活中"被浪费的时间",想出有效利用时间的方法,为想做的新事情创造出更多的可用时间。如果需要完成的计划有多个,而且不同的工作之间存在一定的依存关系,那么我们可以根据作业的推进方式调整项目的完成时间。

一上来就制订出完美的计划是极其罕见的事情。要想制订出最适合的计划,首先需要认真思考,该按照什么样的顺序推进彼此之间存在依存关系的多个项目,才能有效缩短关键路径,然后验证计划是否有实现的可能,最后做出适当的修正——这是不可缺少的环节。

为了让大家理解这一项目的最佳化流程,我在下一章给大家准备了"准备晚饭项目"这个例子。这个例子比本书开头介绍的"制作咖喱饭"稍微复杂一些,希望大家能从中体会到更具实践意义的时间管理技巧。

PART

9

去实践吧,
项目管理!

制订合理的计划，仔细检查并改善

假设我们已经通过找出自己生活中"被浪费的时间"，想出有效利用这些时间的方法，从而腾出了更多时间去尝试自己想做的事情。但是要完成这件新的事情，需要经过多道工序，且各道工序间有着千丝万缕的关系，不仅如此，能够使用的资源（如道具、材料、工时等）还有限制。在这种情况下，项目管理技巧（时间管理技巧）就能发挥它强大的优势了。

在规定期限内，以最短的时间、最低的成本、最少的资源完成项目并达到预期品质——这正是项目管理的目的，也是项目管理方法得以大显身手的原因（当然，它也可以提高单一工序的作业效率）。

我们无法对所有情况做预判

对重要的项目一般要制订相当缜密的计划。可以说，很多在实施过程中遇到阻碍的项目，其实在计划阶段就已呈败相。

到底什么样的计划才是优秀的计划呢？计划的本质是明确规定达成目标所需的要素、流程。如果存在不确定因素，则应当预判、把握其可能带来的影响，并制订相应的对策。预判出所有情况是不现实的，而且在项目的实施过程中，情况也会有所变化，虽然我们可以届时调整计划，但更好的做法是事先针对出现概率较高的情况准备相应的对策。

这就跟出门前根据云的状态决定是否要带雨伞一样。天气晴朗，万里无云，天气预报也说降雨概率是 0 的话，我们肯定不会带伞；相反，就算降雨概率只有 10%，但天空乌云笼罩，我们也会想着带上伞。越是重要的项目，我们越要针对可能出现的突发状况做出缜密的计划。

与重要客户开会之前，我们会计划提早出门，不坐公交车、出租车，尽量选择乘坐地铁出行，以保证准时出席，这也是同样的道理。

如果太过追求计划的高效性，从某种意义上来看，计划会毫无灵活性。虽然没有任何浪费、冗余的环节，但是如果出现突发状况，计划就会被完全打乱，而重新调整计划所需的成本（时间、工时、金钱）将超乎想象。因此，有意识地制订具有一定灵活性的计划很重要。实际上，不发生突发状况和预判外状况的情况非常罕见。计划一定要有灵活性，只有能够应对突发状况且调整成本最低的计划才能被称为"合理的计划"。

在具有多道必要工序且各道工序间存在依赖关系的情况下，不同的工序推进方式将导致项目期限不同。可投入资源、工时也都不是无节制的，一般会有所限制。所谓合理的计划，是指在制约条件下，最合理地利用工序的顺序、投入的资源及工时。不过，很少有人能一次性做出合理的计划。

在我们日常生活中，不少项目包含多道必要工序，且各道工序间存在依赖关系，其中最具代表性的就是做饭。本书开篇以"制作咖喱饭"为例运用了项目管理的方法：不费额外的功夫，便将制作时间从 140 分钟缩短到了 65 分钟。在这里，我们将这个案例再扩大一些，以"准备晚饭"为例，讲讲合理的计划。

```
制订合理的计划
├── 找出制订合理的计划所需的要素
│   ├── 没有漏洞的工序
│   ├── 准确把握工序间的依存关系
│   ├── 各道工序的预算（工时、期限、成本、所需资源）
│   └── 预测风险，准备对策
├── 为优化计划而努力
│   ├── 找到关键路径
│   ├── 找出瓶颈
│   ├── 突破瓶颈
│   └── 关注新的关键路径
└── 检查计划是否为最合理的计划
    ├── 期限、生产率是否合理？
    └── 目标、小目标必须可测量
```

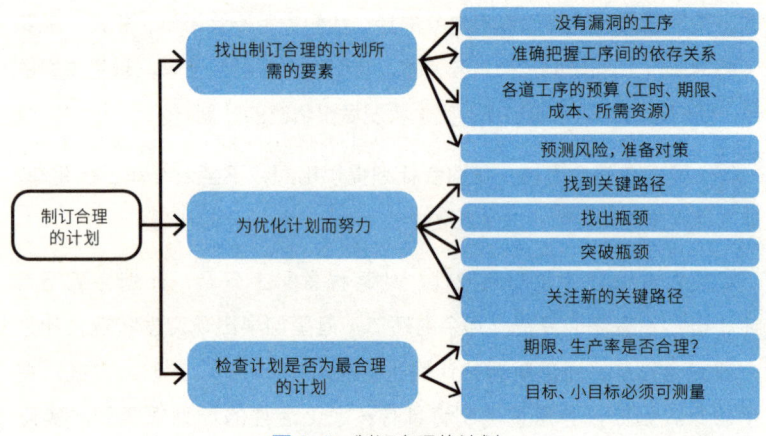

图 9-1 制订合理的计划

从实践中学习——"准备晚饭"项目

我们先想象一下自己准备晚饭的情景。假设晚饭要在晚上 7 点前准备好，那么准备的时间为下午 5 点到晚上 7 点这两个小时。因此，这个项目可花费的最长时间为两个小时。

假设我们要做 4 人份晚饭，用项目管理式语言可以表述为"准备 4 份人均材料费在 500 日元以内且热量在 1000 大卡（kcal）左右的晚饭，要求好吃、营养均衡，在时限内完成装盘"。

在确定菜单的时候，首先要选择能在两小时内做好、热量为 1000 大卡的菜。其次，如果每个人的材料预算确定了，就可以在预算范围内选择材料。

虽然我们在一定程度上做了预算才去超市买材料，但是当天食材的售价可能会变动，这或许将导致我们更换材料。比如，本来计划买牛肩肉，但是恰好牛腰肉限时特惠，比较便宜，我们于是改买牛腰肉；或者牛肉价格远远高于预期，我们不得不改买猪肉；又或者花了太多钱购买食材，所以就不买晚上喝的啤酒了……我们要根据实际情况做出判断。

"抵达超市所需时间"也是制约条件

要买到更划算的食材，可以多去几家超市，但是逛超市花太多时间的话，又有可能没法按时做好晚饭。除去做饭，确定菜单、购买食材的时间也不过一个小时左右。这样一来，就不能去单程耗时 30 分钟以上的超市。这也是制约条件。

逛超市、确定菜单、购买食材这么简单的日常行为，实际上也包含了在特定时限内确定菜单、找出缺少的食材、前往可在时限内往返的场所购买食材等多项判断。

准备好食材后，其实还需要继续与制约条件战斗。

我们假设一个人切菜，这时即便有多把菜刀、多块砧板，最终的用时依旧取决于个人切菜的能力。为了提高执行这道工序的效率，有时可以引进新的工具。比如不擅长用菜刀切丁、切末的人可以使用多功能食物料理机。再比如要做三道配菜，每做一道配菜切一次食材与将三道配菜的食料一次性切好相比，显然后者效率较高；不考虑厨房特别宽敞的情况，拿出砧板、收拾砧板、再拿出砧板显然不如一次性切完好。可以说，同类的工序一次性完成的的话，效率较高。

做几道菜的时候，灶台的数量也会成为制约条件。如果只有一个灶台，那么在煮菜的时候就不能做其他菜了，比如炒菜。如果有三个灶台，则可以在煮菜的同时煮意大利面、炒菜。熬、煮这样的工序尤其不同于炒，它们在一定时间内是不需要人工操作的。另一方面，即便有多个灶台，也很难让一个人同时进行油炸和煎炒的工作（至少我无法做到）。所以判断工序是否可以并行处理很重要。

> 🔖 思考并行处理的可能性。
> 🔖 依存关系较强的工序很难并行处理，只能按先后顺序处理。
> 🔖 即使没有依存关系，有些工序也会因为特殊条件限制而无法并行处理。

此外，就算完美地做好了配菜，但是忘记烹煮米饭了，也不算成功地在 7 点前做好了晚饭。煮饭前要先淘米，用水把米浸泡一段时间后再煮，煮饭这个过程需要 30 ～ 40 分钟，因此最晚下午 6 点半左右就要开始准备了。

如果包括准备过程在内，那么烹煮米饭必须花一个小时，我们如果想在 7 点之前装盘，完成所有的晚饭准备，就必须在 6 点之前开始烹煮米饭。此时，一系列烹煮米饭的工序就成了所谓的关键路径（如果在做配菜

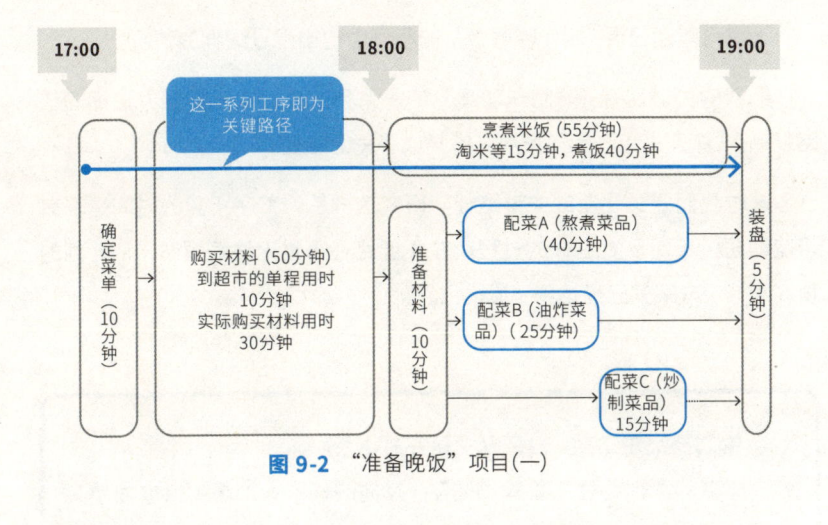

```
17:00                18:00                                        19:00
  ↓                    ↓                                            ↓

         ┌─这一系列工序即为─┐
         │    关键路径      │
         └──────────────┬─┘
                        │         ┌─────────────────────────────┐
                        └──────→  │ 烹煮米饭（55分钟）           │
                                  │ 淘米等15分钟，煮饭40分钟     │
                                  └─────────────────────────────┘

┌───┐  ┌─────────────────┐  ┌───┐  ┌──────────────────┐  ┌───┐
│确 │  │购买材料（50分钟）│  │准 │  │配菜A（熬煮菜品） │  │装 │
│定 │  │到超市的单程用时 │  │备 │  │     （40分钟）   │  │盘 │
│菜 │  │     10分钟       │  │材 │  └──────────────────┘  │（ │
│单 │  │实际购买材料用时 │  │料 │  ┌──────────────────┐  │5  │
│（ │  │     30分钟       │  │（ │  │配菜B（油炸菜    │  │分 │
│10 │  │                  │  │10 │  │品）（25分钟）    │  │钟 │
│分 │  │                  │  │分 │  └──────────────────┘  │） │
│钟 │  │                  │  │钟 │  ┌──────────────────┐  │   │
│） │  │                  │  │） │  │配菜C（炒        │  │   │
│   │  │                  │  │   │  │制菜品）          │  │   │
│   │  │                  │  │   │  │15分钟            │  │   │
└───┘  └─────────────────┘  └───┘  └──────────────────┘  └───┘
```

图 9-2 "准备晚饭"项目（一）

的过程中也同样存在必须花一个小时的一系列工序，那么该序列也是关键路径）。

反复缩短关键路径的流程

其实所谓的关键路径指的是"缩短这一系列的工序，即可缩短整体工期"。如果存在多条关键路径，则必须将所有关键路径缩短，才能缩短整体的工期。

此外，当某一条关键路径被缩短时，其他一系列的工序就会转换为关键路径。

大家可能还记得"制作咖喱饭"的案例中也出现过同样的情况。

最初的关键路径是"制作咖喱"的一系列工序，在我们想办法缩短该路径后，"烹煮米饭"的一系列工序又成了关键路径。

这时我们要关注新的关键路径，研究这一系列工序所需的时间是否有可能缩短。不断反复这样的过程，在关键路径再也无法缩短时，从计划的角度看这个方案就已经达到了最优化。

> ◆ 想要缩短工期，就要从关键路径入手。
> 原有的关键路径如果被缩短了，其他的一系列工序就会成为新的关键路径。

可使用的菜刀、砧板、灶台、电饭煲等工具都属于可投入资源。

整个项目包含多个流程，如"制作配菜""烹煮米饭"以及"装盘"等。"制作配菜"流程和"烹煮米饭"流程没有依存关系，如果可投入资源（包括工时）没有冲突，两个流程就可以并行处理。"装盘"和"制作配菜""烹煮米饭"之间存在依存关系。要在时限内完成这些工序，就必须进行流程配置。

从目前的流程来看，"烹煮米饭"是关键路径。要想提前准备好晚饭，就必须缩短这一关键路径上的工序耗时。

"配菜 A"是熬煮菜品，只要把食材放进锅里，不用再花太多时间即可完成。"配菜 B"是油炸菜品，"配菜 C"是炒菜，二者可与熬煮菜品并行

图 9-3 "准备晚饭"项目(二)

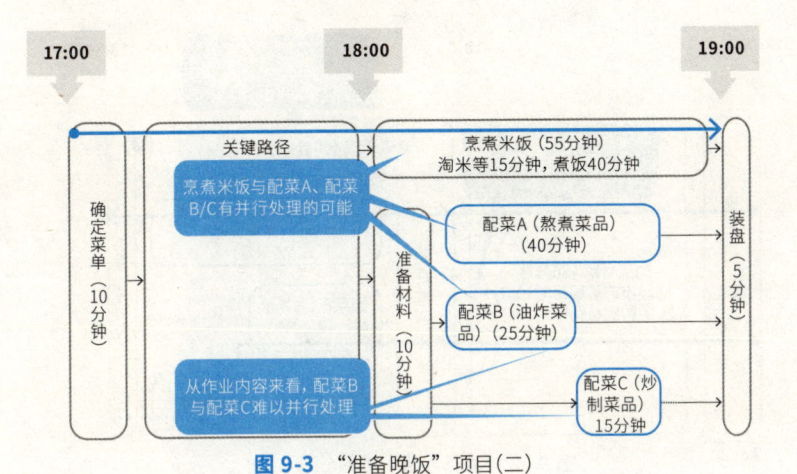

处理,但是以我的技术来说,油炸菜品和炒菜很难同时完成,因此,虽然两道工序没有依存关系,但是由于操作者的技术限制,只能在做好"配菜B"之后做"配菜C"。

说句题外话,在我们日常生活中要想增加可并行处理的工序,就必须减少"离不开人"的工序。拿上面例子来看,对我来说,油炸菜和炒菜就是"离不开人"的工序,因为它们都需要使用大火、高温油。

不过,如果能够使用空气炸锅、微波炉等做出美味的油炸菜、炒菜,这两道工序就可以并行处理。熬煮菜品当前被设定为可与其他工序并行处理的工序,但这只有当所有操作在同一间厨房里进行时才能够实现。

我们无法在家里煮菜时去超市买东西。但是,如果使用具备焖烧和保温功能的料理机,只要在开始的一段时间内开火加热,然后关火用余温继

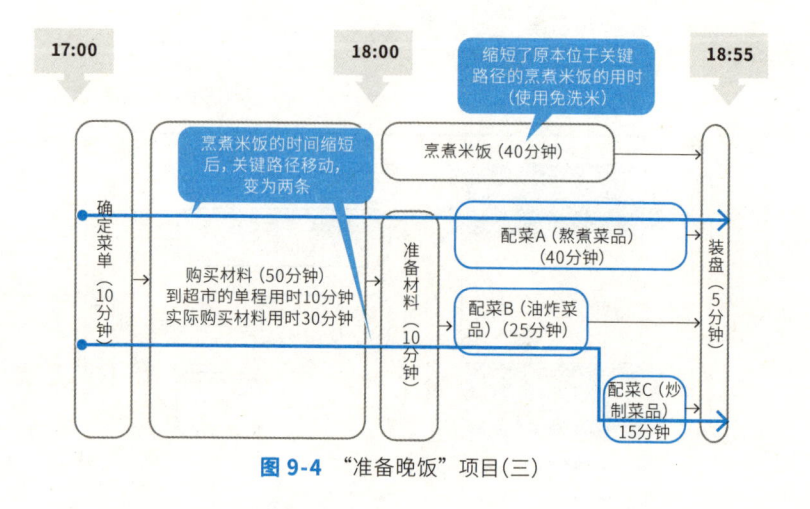

```
                                        缩短了原本位于关键
  17:00              18:00              路径的烹煮米饭的用时
                                        (使用免洗米)

                                  烹煮米饭(40分钟)
              烹煮米饭的时间缩短
              后,关键路径移动,
              变为两条              配菜A(熬煮菜品)
  确                                    (40分钟)             装
  定    购买材料(50分钟)       准                              盘
  菜    到超市的单程用时10分钟  备   配菜B(油炸菜             (5
  单    实际购买材料用时30分钟  材   品)(25分钟)           分
  (10                            料                             钟)
  分                             (10
  钟)                            分
                                 钟)   配菜C(炒
                                       制菜品)
                                        15分钟
```

图 9-4 "准备晚饭"项目(三)

续熬制,我们就可以去超市买东西了。另外,早晨开火加热,在工作期间用余温慢煮,下班回到家后再做最后的处理,也能够在吃晚饭前完成熬煮菜品。

所以我们也可以多想想,如何打破料理器具的局限,灵活应用新产品,增加能够并行处理的工序。这样的话,我们最终也可以实现增加自己时间的目标。

我们决定首先缩短"烹煮米饭"的流程,因为我们知道,如果使用免洗米,可以省下淘米等的时间,即 15 分钟。

这样一来,晚饭的准备时间就提前了 5 分钟。于是"烹煮米饭"不再是关键路径,又产生了两条新的关键路径(图 9-4),分别是"确定菜单→购买材料→准备材料→配菜 A →装盘"流程和"确定菜单→购买材料→准

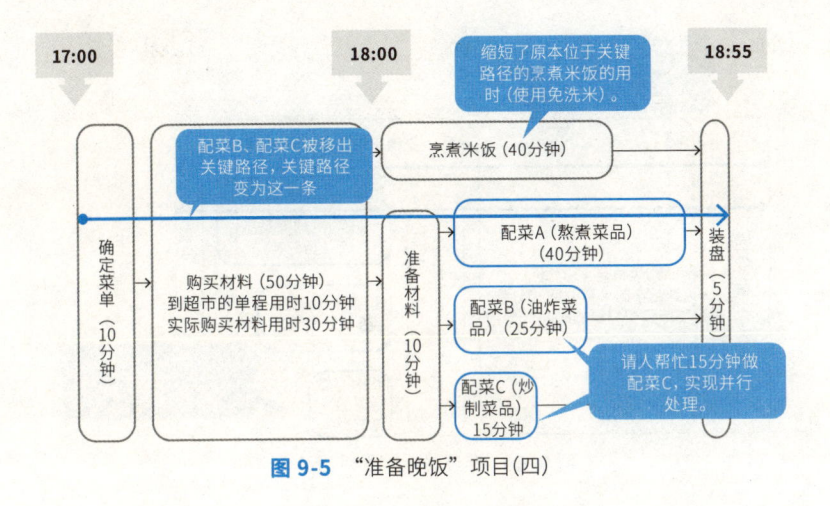

```
17:00                          18:00                          缩短了原本位于关键          18:55
                                                              路径的烹煮米饭的用时
                                                              (使用免洗米)

           配菜B、配菜C被移出              烹煮米饭(40分钟)
           关键路径，关键路径
           变为这一条

  确                                      配菜A(熬煮菜品)            装
  定                                         (40分钟)                盘
  菜     购买材料(50分钟)        准                                   （
  单     到超市的单程用时10分钟    备        配菜B(油炸菜              5
  （     实际购买材料用时30分钟   材         品)(25分钟)              分
  10                            料                                   钟
  分                            (                     请人帮忙15分钟做  ）
  钟                            10         配菜C(炒    配菜C，实现并行
  ）                            分          制菜品)     处理。
                                钟           15分钟）
```

图 9-5 "准备晚饭"项目(四)

备材料→配菜 B→配菜 C→装盘"流程。

我们有三个灶台，因此只要具备同时制作油炸菜品和炒菜的技巧，就可以缩短其中一条关键路径。此时，我的技巧成了瓶颈。所谓"瓶颈"，顾名思义就是"瓶子的颈部"。要取出瓶子里的东西，颈部（最细的部分）决定了东西是否容易取出，因此，我们通常将事物运行过程中成为障碍的因素称为"瓶颈"。

为了克服同时制作配菜 B 和配菜 C 这一瓶颈，我们请别人帮忙花 15 分钟做炒菜。这样一来，配菜 C 的炒菜和配菜 B 就实现了并行处理。

但是，由于配菜 A 的流程并未缩短，所以晚饭的准备时间依旧只比最初计划提前 5 分钟，在 18 点 55 分完成(图 9-5)。

此时，如果配菜 A 的熬制时间能够缩短 10 分钟，晚饭就可提前到 18

```
17:00                    18:00              18:45
  │                        │                  │
  ▼                        ▼                  ▼
```

缩短配菜A的制作时间导致烹煮米饭流程再次成为关键路径。

- 确定菜单（10分钟）
- 购买材料（50分钟）到超市的单程时间10分钟 实际购买材料的时间30分钟
- 准备材料（10分钟）
- 烹煮米饭（40分钟）
- 配菜A（熬煮菜品）（30分钟）
- 配菜B（油炸菜品）（25分钟）
- 配菜C（炒制菜品）15分钟
- 装盘（5分钟）

请人帮忙15分钟做配菜C这道工序，实现并行处理。

图 9-6 "准备晚饭"项目（五）

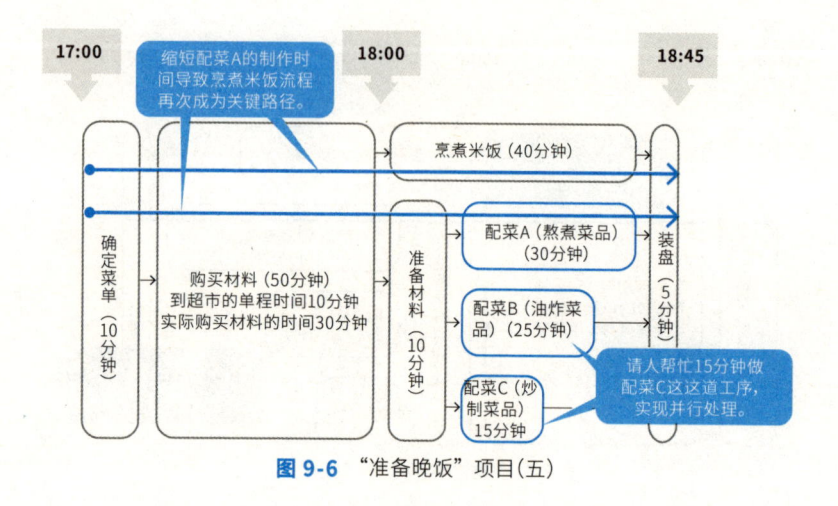

点45分（图9-6）准备好。或者如果家人允许，也可以将配菜B、配菜C和米饭先装盘食用，之后再于18点55分上配菜A。不过，即使缩短熬煮菜品A的烹调时间，或者先用餐，后上配菜A，依旧不能让晚饭时间提前到18点45分之前，因为这时"烹煮米饭"流程会再次成为关键路径。

假设"烹煮米饭"流程所需时间无法进一步缩短，那么，如果想将用晚饭的时间提前，就只能缩短"购买材料"的时间了（在"确定菜单"流程和"装盘"流程无法压缩的前提下）。

一般在缩短项目期限时，应当最先关注关键路径上耗时最长的流程。

从我们本次的案例来看，还有一种思路——"购买材料"位于整个流程的上游，且与后续工序存在依存关系，理应优先考虑。但实际上，在"购买材料"的50分钟里，去超市的单程时间为10分钟，往返需要20

分钟，实际"购买材料"的时间为 30 分钟。考虑到晚上在收银台结账的人多这一情况，这一流程基本没有缩短的余地，因此我们才降低了"购买材料"的优先顺序。

但是，"烹煮米饭"流程现在已经无法进一步缩短，这样一来，我们只能考虑缩短"购买材料"的时间。如果没有成本上的限制，我们可以选择在距离最近的便利店买齐所需材料（单程时间为 5 分钟）。

在实践项目管理的过程中，我们就得这样一步步地优化计划。

希望本书能够让你对关键路径的概念、改善计划会导致关键路径转移等有初步的理解。此外，你可能也了解了，在"准备晚饭"这一日常事务中也包含了项目管理的大量要素。

"最合理的计划"的判断标准是什么

最合理的计划包括很多要素。

哪个计划最合理？这取决于判断标准。在"准备晚饭"的案例中存在很多成功的条件，比如，从 17 点到 19 点的时间限制（但也讨论把先用餐再上配菜 A 作为替代方案），人均材料费 500 日元的成本限制，每人摄入热量 1000 大卡左右，美味且营养均衡的品质限制。这些就是成功的条件。

另一方面，也存在大多情况下一个人做饭（虽然可短时间求助他人）、使用自家厨房等人员、设备方面的制约条件。我们力争在这些制约条件下满足所有成功的条件，但实际上，成功的条件中也应当有优先顺序。

是越早完成晚饭准备越好，还是成本越低越好，抑或是品质越高越好呢？甚至在品质这方面，也应当有口味、热量、营养的优先顺序。

在我们介绍的案例中，即使提前做好晚饭，家人没到齐也没有意义。因此，在18点45分到19点整完成晚餐这一成功条件中，越靠近18点45分越好便成了判断标准。

另外，虽然材料成本越低越好，但这意味着你需要在材料成本与食材品质之间权衡、取舍。如果是发工资前囊中羞涩的财政状态，就应当优先考虑材料成本。如果是在正常情况下，则应当把与家人健康有直接关系的食材品质放在优先位置。

推进一个项目，很难做到一帆风顺。在出现问题时，就需要调整满足成功条件的方法；如果调整后依然无法实现目标，就要考虑按照成功条件的优先顺序做取舍了。我们在生活和人生中也是如此。

制订计划、优化计划、预设替代方案是非常重要的，但同时，判断标准的制订也很重要。当我们将生活、人生作为项目进行探讨时，原则上判断标准应当基于关于幸福的价值观。

> 🔖 明确判断标准与制订合理计划、预设替代方案一样重要。
> 🔖 判断标准应当基于关于幸福的重要价值观。

放宽条件,增加选择项

我们再介绍一个关于判断标准的例子。

开篇的"制作咖喱饭"项目其实还有后续。在开头的案例中,项目目标为"遵守既定条件,按照给定菜谱制作咖喱饭"。但是,如果放宽目标条件,那么就需要将现有方案与替代方案做比较才知道哪个是最合理的。

在执行项目的过程中,有时会因为不得已而不得不放宽目标条件。我们继续用"制作咖喱饭"的例子思考,如果将"按照给定菜谱制作咖喱饭"这一条件放宽为"准备咖喱饭",结果会怎样呢?从"按照给定菜谱制作"放宽为"准备",是一个相当大的变化。在实际的项目中,如此大胆地放宽条件是很少见的,但也不是不可能。

由于条件放宽为"准备咖喱饭",QCD (Quality, Cost, Delivery) 中,我们对 Q(品质)睁一只眼闭一只眼,C(费用)和 D(时间)也许就能够得到改善。相反,如果 C 的制约条件可以放宽(可以提高成本),我们或许可以做出更好吃的咖喱饭。

比如,开启电饭煲的快熟模式可以缩短煮饭时间;想省去淘米流程,可以使用免洗米;甚至可以缩短米的浸泡时间。但是,在这种情况下,品质(也就是口感)可能会大幅下降。

如果想大幅缩短用时,可以使用真空包装的米饭。既然选择了真空包装的米饭,那么,也可以考虑使用半成品咖喱制作咖喱。这时有人可能会觉得这么做偷工减料,心想"那之前做出的努力还有什么意义?"。

如果条件是"按照给定菜谱制作咖喱饭",那我们就不用多想了,找人帮 15 分钟的忙，用 65 分钟做好就可以。但是，如果条件是"准备咖喱饭"，我们就需要考虑多个选项，将它们作为替代方案。

如果使用半成品咖喱和真空包装米饭，"制作咖喱"需要 10 分钟，"烹煮米饭"需要 8 分钟。

可以在锅里烧开水后将咖喱加热，可以用微波炉加热米饭，二者可以并行处理。也就是说，"制作咖喱"在这里是关键路径，需要 10 分钟完成。

半成品咖喱 + 自制米饭、自制咖喱 + 真空包装米饭这两种组合也可以。我们对每种组合需要的时间、做出的味道和成本进行对比。其中，味道是主观的相对评估。

4 人份的半成品咖喱售价 600 日元，4 人份的真空包装米饭的售价也是 600 日元。自制 4 人份的咖喱需要 1000 日元，自制 4 人份的米饭需要 200 日元。

可以通过指数评估味道。假设按给定菜谱制作的咖喱饭的味道为 100 分，其中咖喱占 80 分，米饭占 20 分。这样评估可能稍微有些牵强，但是在对比替代方案的时候需要一定的判断标准。你也可以用高、中、低或○、△、× 这样的定性评估。这里以半成品咖喱 + 真空包装米饭（它们的味道最近改善了……）制成的味道不及用自制咖喱 + 自制米饭做的咖喱饭。假定半成品咖喱为 40 分，真空包装米饭为 10 分。

通过将所有组合做成图表一览，我们从所需时间（QCD 的 D=Delivery）、味道（Q=Quality）、成本（C=Cost）这三个方面中选出分数较高的选项，用蓝框标出（图 9-7）。

	制作所需时间	味道指数	成本
半成品咖喱 真空包装米饭	10分钟（咖喱10分钟，米饭8分钟）	50分（咖喱40分，米饭10分）	1200日元 （咖喱600日元，米饭600日元）
半成品咖喱 自制米饭	65分钟（咖喱10分钟，米饭65分钟）	60分（咖喱40分，米饭20分）	800日元 （咖喱600日元，米饭200日元）
自制咖喱 真空包装米饭	60分钟（咖喱60分钟，米饭8分钟）	90分（咖喱80分，米饭10分）	1600 （咖喱1000日元，米饭600日元）
自制咖喱 自制米饭	65分（咖喱60分钟，米饭65分钟）	100分（咖喱80分，米饭20分）	1200日元 （咖喱1000日元，米饭200日元）

图 9-7 "制作咖喱饭"项目——与替代方案的比较(1)

如果只根据所需时间判断，那么用半成品咖喱＋真空包装米饭这个组合就可以，不用做这么复杂的表也能明显看出这个结果。

同样，从味道上来看，自制咖喱＋自制米饭肯定是最优选择；从成本上看，半成品咖喱＋自制米饭的组合成本最低。

不同的人，不同的"最优选项"

那么，哪个方案最好呢？

这取决于"选择人"和"这个人的个人情况"。

如果想吃咖喱饭但又没有多少时间，那么，毋庸置疑，半成品咖喱＋

真空包装米饭的组合是最好的选择。

如果想吃咖喱饭却没有多少钱，就应该选择半成品咖喱+自制米饭这一组合。在这种情况下，就要做好心理准备：这个组合的制作时间与自制咖喱+自制米饭所需的时间是一样的，即时间的优先顺序较低。

如果又有时间，又不为钱所困，就可以选择自制咖喱+自制米饭的组合。自制咖喱+真空包装米饭的组合可以将完成时间提前5分钟，味道也仅有些许下降，因此可以作为替代方案，但是成本相差400日元。如何看待这一差异，需要对淘米所需的劳动力、牺牲的味道和成本进行比较。

此外，60分钟完成咖喱饭制作的前提是请人花15分钟帮忙，对于某些不喜欢开口求人的人来说，就需要按75分钟来计算。

因此，哪一个方案最好，取决于做选择的人的价值观及其个人情况。

比如，用高级半成品咖喱制成的咖喱可能比自制咖喱更好吃（假设其味道为100分），但是其成本比自制咖喱的高（假设4人份需要1600日元），这时，新的选项就出现了。

如果对成本没有限制，我们就多了一个选用高级半成品咖喱的选项。如果对时间有限制，我们就可以选择高级半成品咖喱+真空包装米饭这一组合；如果既有时间限制，又对成本没有限制，并且更加注重味道，则应当选择高级半成品咖喱+自制米饭这一组合。

前面林林总总说了那么多，其实我最想表达的是，很少有独一无二的绝对方案。最终决策者的价值观、当时所处的情况经常导致最佳方案的不同，新产品上市也可能突然带来新的选项。

	制作所需时间	味道指数	成本
高级半成品咖喱 真空包装米饭	10分钟（咖喱10分钟，米饭8分钟）	110分（咖喱100分，米饭10分）	2200日元（咖喱1600日元，米饭600日元）
高级半成品咖喱 自制米饭	65分钟（咖喱10分钟，米饭65分钟）	120分（咖喱100分，米饭20分）	1800日元（咖喱1600日元，米饭200日元）
半成品咖喱 真空包装米饭	10分钟（咖喱10分钟，米饭8分钟）	50分（咖喱40分，米饭10分）	1200日元（咖喱600日元，米饭600日元）
半成品咖喱 自制米饭	65分钟（咖喱10分钟，米饭65分钟）	60分（咖喱40分，米饭20分）	800日元（咖喱600日元，米饭200日元）
自制咖喱 真空包装米饭	60分钟（咖喱60分钟，米饭8分钟）	90分（咖喱80分，米饭10分）	1600（咖喱1000日元，米饭600日元）
自制咖喱 自制米饭	65分（咖喱60分钟，米饭65分钟）	100分（咖喱80分，米饭20分）	1200日元（咖喱1000日元，米饭200日元）

图 9-8 "制作咖喱饭"项目——与替代方案的比较(2)

> 🔖 很少有独一无二的绝对方案，最佳方案往往取决于最终决策者的价值观和当时所处的情况。
>
> 🔖 以前正确的事现在不一定正确。应当按照符合当前情况的判断标准重新评估方案。

"曾经做不到的事，现在能做到"这种想法很危险

像这样从多种角度评估计划，缜密地研究工作流程，有时候很容易觉得项目胜券在握。认真做好 WBS（Work Breakdown Structure，工作分

解结构,即全面梳理并规划在项目中应当进行的活动),对工序间的依存关系做出定义,优化计划,评估风险……在完成这些之后,我们很容易产生计划必定能成功的想法。

但实际上,无论是多么天衣无缝的计划,也不能保证其万无一失。仅仅做好计划,并不意味着曾经做不到的事,现在突然能做到。一件事突然成功,其背后必定有不为人知的理由。

假设领导看过你精心制订的完美计划,说:"要是工期能再缩短一个月就更好了。"

这份计划已经被优化过并且被评估过,基本没有进一步缩短工期的可能了。即便有,也是用来应对突发情况的应急计划。但应急计划是在风险发生时采用的对策,不应当在项目开始时就被减除。取消应急计划将无法在发生该部分风险时采取恰当的措施。

但是,在认真制订计划之后,我们会有胜券在握的错觉,容易认为领导提出的缩短一个月的要求很容易满足,并在这种错觉的驱使下不合理地调整计划中的数值。生产率提高 10% 听上去很简单,但是实际上要将生产率提高 10% 是非常困难的。

与此相较,平时不怎么在意工作效率的人,更容易找出自己在工作中浪费的 10% 的时间并加以利用。因此本书力荐各位找出自己浪费的时间。

另外,还存在曲解"学习曲线"(Learning Curve)的情况。学习曲线是揭示"初次学习时,生产率无法提高,但在不断重复同一件事的过程中,生产率会提高"这一现象的曲线。但最重要的是,初次的生产率并不像当初想象的那么高,也不意味着后期生产率会节节攀升。后期生产率的提高,才最终使生产率达到初始目标值。但是有时候，人们会在计划中将后期较高的生产率作为项目整体的生产率。此外，要在后期达到较高的生产率，是需要经过一段时间的，如果时限过短，生产率尚未达到峰值，项目就结束了。

导致生产率下降的原因数不胜数。很多时候，即便项目组成员的生产率提高了，如果因为项目环境问题无法工作，或者器材未按计划送达，又或者客户未按约定履行自己的义务等，项目整体的生产率也无法提高。

另一方面，能提高生产率的因素却寥寥可数。

> 🔖 曾经做不到的事，现在突然能做到，这种情况寥寥无几。单纯地提高生产率很困难。
>
> 🔖 应当尽量避免曲解"学习曲线"（Learning Curve），将过高的生产率作为前提条件。生产率下降的原因数不胜数，但是能提高生产率的因素少之又少。

还有"试行项目（Pilot Project）"生产率的误用。

所谓试行项目，是指执行大型项目之前先提取其中一小部分实施，在实践过程中确认项目推进方式，进行技术性检验，有时也会将试行项目中得到的实际数据验证对后道工序的预估是否正确。但是我们在应用过程中必须注意试行项目的使用方法。

试行项目通常存在技术上的难度，往往是没有执行先例的，操作过程也未经打磨，面临的问题更不一定在掌握范围内。所以，很多人认为正式项目的生产率要高于试行项目的。

但是试行项目具有独立性相对较高、更容易在早期固定必要的条件的特点。此外，试行项目具备尝试使用新技术的特点，往往会引入尖端的技术。

因此，有时尽管试行项目在技术方面立足于新领域，但生产率较高。所以我们不应主观认定试行项目的生产率低，而应该冷静思考试行项目的数据到底是如何得出的。

> 🔖 将试行项目的生产率应用到其他方面时需要多加注意。其生产率的实现，是有其背后的原因的。

项目完全按计划推进的情况很少

我们制订了自己满意的计划且仔细检查了它的可执行性：预判了风险，考虑了规避问题发生的方案，想到了突发情况，也根据过往案例规划了一定的应急计划；研判了合同形态，在书面上明确规定了项目范畴（对象范围），让经验丰富的成员参与计划，也对推进项目的流程进行了定义。

但是，不管制订的计划多么完美，在实践过程中事情也不可能严丝合缝地按计划进行。每个人都会努力按计划推进工作，但鲜有比计划工期更短、成本更低的情况。

项目未能完全按计划推进的原因数不胜数，且存在于计划的各个阶段，比如项目组成员身体不适、供应商供货延迟、总公司效益不好致使项目预算被削减、根据竞争对手的动向调整战略方针、公司并购后新上任的总经理下调该项目的重要性、合作单位员工泄露项目信息，等等。

那么，项目未按计划进行时，什么方案是中策呢？

掌握计划延迟及预算超支的程度是重中之重。如果事先相对准确地掌握预算超支的程度，经营者就有充分的时间考虑如何挽回损失。但是，如果到项目最后阶段都不能把握预算超支的程度，就很可能无法挽回损失，这不仅会导致项目失败，也可能对经营产生影响。

项目经理必须从日程、预算、质量的角度时刻把握项目整体情况，比如到现阶段多少工序已经结束，使用了多少工时（金额），未来还需要多少时间、多少工时（金额），何时能够完成项目，总工时（金额）与预算相比大约相差多少，产品质量如何。没有客观依据的乐观心态很危险。

图 9-9 是一个项目的图表，我们仔细看看蓝色虚线和黑色虚线。蓝色虚线表示按最近的生产率执行项目的预期，黑色虚线表示按最初计划的生产率执行项目的预期。

左图表示了项目的实际成果与日期之间的关系。项目实际成果为 100% 意味着应当做的事情 100% 完成，也就是项目结束。

图 9-9 项目预测

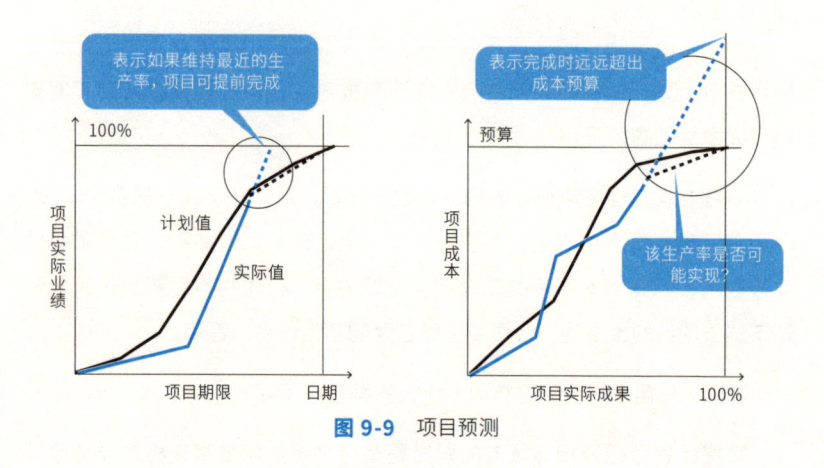

项目开始之初，经过了一段时间却没出什么成果，但是中途由于增加了人员，从期限来看，成果显著增加，到现在基本达到当初计划的效果（黑色实线和蓝色实线刚好重合）。如果继续按照目前的状态进行，将有可能提前完成项目。

另一方面，右图表示项目成本与项目实际成果之间的关系，目的在于预测项目实际成果达到 100% 时，项目成本为多少。如果继续按照目前状态进行，当项目成果达到 100% 时，成本将远远超出预算(见蓝色虚线)。

中途增加人员使得实际成果大幅增加，但是同时也导致成本远远超出最初的预算。我们需要以项目最初计划的期限与成本为目标缩小配置，让项目用时与成本二者均接近计划。

在这里，我们做个简单的测试，请按照第一感觉作答，从 A 和 B 中选择一项。

选择题 1

A. 100% 保证拿到 10 万日元。

B. 有 80% 的概率拿到 15 万日元。

选择题 2

A. 100% 保证支付 10 万日元。

B. 有 80% 的概率支付 15 万日元。

我虽然不能百分百确定每一位读者的答案，但是据以往的经验来看，70% 到 80% 的人在第一道选择题会选择 A，在第二道选择题会选择 B。这个结果与我的预测一致。

我们用概率和报酬计算一下期待值。选择题 1 中，A 选项为增加 10 万日元（10 万日元 ×100%），B 选项为增加 12 万日元（15 万日元 ×80%），因此，B 为合理选项。而选择题 2 中，A 为减少 10 万日元，B 为减少 12 万日元，因此，A 为合理选项。尽管如此，大多数人在这两个选择题上都没有做出合理的选择。

为什么这么多人会选择不合理的选项呢？

我推测，这是因为人们在对自己好的事情上倾向于选择更确定的选项，而在对自己不好的事情上则倾向于选择赌一把。

这正如在系统构建项目中，如果项目末期的测试阶段无法杜绝不良品，在决定是否按计划日期采用新系统时，人们通常毫无客观依据地选择延迟引进。

如果准确掌握客观情况，冷静地加以判断，本可以得出正确的结论，但是，如果人们没有准确把握现状，就很可能会做出不合理的决定。

> 🏷 应当随时掌握项目当前的情况，并对将来的发展做出准确的预期。没有客观依据的乐观心态很危险。

到这里，我们应该系统地理解了项目管理和时间管理的基本概念及流程。各位读者无论身处哪种行业、从事哪种工作，都可以应用这些基本的思维方式，让日常工作的效率变得更高。

不过，不同读者实际面临的项目各不相同，不可能遇到完全一样的问题。现实社会中也常常发生无法预测的事情，所以，遇到问题时，只能自己思考，不断前进。

为了让大家在遇到问题时能有所参考，我在本书最后附上了 Q&A（问与答）部分，其中总结了研究生们提出的问题以及我的回答。庆应 SDM 里聚集了一批在各个企业和机构实习、工作的学生，他们提出的问题各有特点，其中不乏贴合实际工作的问题，希望它们能为大家提供帮助。

PART

10

庆应SDM讲义之Q&A

关于"项目管理式生活"的一些疑问与解答

我在庆应 SDM 讲"项目管理式生活的推荐"主题课时，常有学生提问各种各样的问题。

有时甚至因为上课时间不够，我还专门腾出午休或其他休息时间回答同学们的各种问题。虽然想要踊跃提问的学生很多，但因时间有限，加上对有些问题他们不好意思当着其他同学的面问，所以我一般都会让他们提交课后感想和想问的问题。

学生们提交的反馈非常有助于提升我的教学质量。在翻看反馈表的过程中，我发现，有时一些同学会误解我想传达的内容，有些在我看来的普通用语，对学生们来说却是生僻词语，他们也就听不太明白。总之，反馈表帮我发现了很多问题。

此外，翻看学生们的提问还能帮我了解他们感兴趣的事情、烦恼的事情。

我有时也会补课，这时我一般会尽量多讲一些学生们感兴趣的话题，这会使学生们听课更专注，更好地理解课堂内容。

在收到的反馈中，既有与课堂内容相关的提问，也有根据课堂提问延伸出来的问题，还有与我个人相关的提问，乃至涉及我投入热情的教育事业、人才培养事业等更多领域的问题。

对这些提问，我都会一一做出回答。反馈中既有普遍存在的问题，也有相当个人化的问题。总结来看，提问的种类有 100 余种。在此，我将重点列举一些有助于加深对本讲义理解的提问与回答。

1. 关于时间管理

QUESTION

我也想理解老师的讲义内容,但发现老师的讲义内容与我的价值观存在偏差。我想活得再轻松些,希望周末有更多的时间睡觉。我想灵活利用零散时间,但又觉得记录过去的时间有些麻烦。我是不是错了?

ANSWER

我的讲义是都基于我的价值观来举例说明的。我是一个很贪婪的人,我想做所有我想做的事情,因为我相信它们与我的幸福感密切有关。为了实现它们,我会尽全力避免那些被浪费的时间,尽可能地在有限的时间段内做更多的事情。

想必一定存在与我的价值观不同、希望用一种更为轻松的方式生活的人!价值观因人而异,拥有想要轻松生活的价值观的人,自然要有一套与之相符的判断标准,只要做出的是能让自己感觉到幸福的判断就可以。

2. 关于休假

QUESTION

因为我属于那种做事比较慎重的人,所以我看不起休假的行为,这导致我的生活呈现出不休假的倾向。我该如何看待这一问题呢?

ANSWER

从提问可以看出,你是一个很认真的人。可否请你静下心来仔细想一想，休假会给自己带来哪些好处，不休假又会给自己带来哪些坏处？既然你做事慎重，我想，你应该能够冷静分析。此外，为了掌握自己休假后的一些数据，你可以试着休假一次。如果你发现休假并没有给自己带来什么好处，那么你也可以确定自己真的不怎么需要休假。相反，如果休假带来了一些超出你预料的积极影响，那么你就可以认真规划一下自己以后的假期了。

3. 关于夫妻的相处时间

QUESTION

虽然我和丈夫拥有相同的生活目标，但我发现两个人共处的时间很少，这让我感觉很糟糕。从长远的角度来看，如何解决这一问题？

ANSWER

首先，你们能拥有共同的生活目标是一件很棒的事情。但与此同时，你们也要时常确认：这一共同目标是否处于你们二人心目中的靠前位置？或许除了这一目标，还有其他的重要目标，实现这一目标需要你们两人在一起的时间更长一些。遇到这种情况时，就需要你们在不同的目标之间做出权衡了。

毕竟"两个人在一起的时间不够长"也可能只是你的感性判断。规定好目标时间，然后与实际相处情况做比较，确认彼此感觉"足够"的时间是否一致，或许能够解决你们之间的问题。

4. 对"二律背反"的应对

QUESTION

我想实现的东西有很多,但其中如果存在二律背反关系,我该如何平衡管理,才能使之成功呢?

ANSWER

若两个目标之间存在二律背反的关系,那么从一般的思路来看,同时实现两者是不可能的,因为"二律背反"一词就是这么定义的。因此,要给两者的重要性排一个先后顺序,择其重者为之,避免最后两头空。或者重新定义这两件事,使两者能够共存。

必须注意的是,这两件事是否真的存在二律背反的关系。举例来说,享用美食和减肥看似二律背反的两件事,但其实二者并不是真正的二律背反关系。因为享用美食并不一定会导致体重增加。合理控制美食的摄入,同时保持适当的运动量,是有可能防止二者出现二律背反关系的。此外,增加体重与减肥属于二律背反,但是增肌与减肥并不属于二律背反。

5. 如何提高效率

QUESTION

如果必须在自己效率高的时间段做不太重要的事情的话,那么提升其他时间段的做事效率或许也是个好方法。我该怎么做呢?

ANSWER

这种想法当然是可以的。但是,创造高效的时间段并没那么容易,所以,在课堂上,我更建议大家把握好自己的高效时间段,尽可能地灵活利用它们。

作为启发,我发现,当满足某个特定条件时,也能人为创造出高效时间段。比如我备战高考时,总会给学习增加一点"仪式感"。这种仪式感可以帮我打开大脑里的学习开关。我的小仪式,其实就是一边品尝自己喜爱的咖啡,一边将音响调到最大声,听一首自己喜欢的(情绪激昂的快节奏)歌曲。若能持续做类似的给自己加油提劲的"仪式",没准就能通过这一"仪式"达成提高效率的目的。

6. 项目中的成员管理

QUESTION

我理解生活日志的重要性,但公司如果通过生活日志来实施项目员工管理,岂不是会引发不尊重员工个人隐私的问题?请问老师,对于项目组成员的生活日志管理到底该拿捏到什么程度?

ANSWER

我认为,应该实施工作时间管理。既然是工作时间,那就应该在公司的管理范围内。因为一旦发生了问题,公司需要承担相应责任,所以员工也应该理解这一点。

但是在私人时间方面，公司不应该干预。虽然个人应该通过记录包括个人时间在内的生活日志来改善时间的使用方法，但个人没有必要向公司报告自己在私人时间做了什么。

我在项目中实施时间管理时，只针对工作时间的部分。我会统计相对于计划的实际使用时间，如项目组成员完成任务的实际时间、用于检查的时间、返工的时间，等等，然后从中发现有可能提高计划精确度、生产效率的关键，并将其作为制订项目后续计划的重要参考依据。

在组织内，通过实现对员工工作时间、积极性的标准化监控，可使我们更容易地再利用所得数据。我建议，不要将标准化监控交给项目来做，而要由项目的上层单位或公司层面来制订项目日志的记录标准。不过，若一开始就要求项目组成员记录过于详细的信息的话，可能会因此影响项目组成员的工作效率，所以应从最低限度的重要事项记起，尽量运用自动化手段，也是制定标准时需要考虑的重点事项。

7. 记录零散时间

QUESTION

我想记录零散时间，但从现实情况来看非常困难。有没有更实际可行的方法？

ANSWER

读了你的感想，我发现你在很认真地做时间管理，只是苦恼于如何把握零碎的工作时间。我认为，你首先应该想清楚自己想要掌控、分析零散时间的目的是什么。

掌控实际的办事效率归根结底只是手段，其本质在于探究提高时间利用效率的要点、认识计划与实际执行之间的差距（并将此作为消除两者之间差距的依据）。我们提高了对"整块时间"的利用效率后，会发现被浪费的零散时间可能比整块时间还要多，从而想办法提高零散时间的利用效率——这是正确的流程。

我能感觉到，你是一个很有时间观念的人，所以你很可能已经这样做了。若你已经记录了"整块时间"，那么也就掌握了"整块时间以外"的时间。也就是说，只要我们掌握"整块时间以外"的时间中有多少时间用在"零散工作"上就可以了。

我认为，即便是按照记忆、感觉记录下来的内容，也是有价值的，尽管做不到百分百准确。若能按照相同的标准长期记录，得到的数据也是能够被充分利用的。我不赞同"不完全准确就没有意义"这个观点，因为记录日志归根结底只是手段而已。

为何不试着记录一下一天中有几个零散时间段（刚上完厕所回来的时间也算）？在过去几个小时中的"整块时间以外"的时间段，用来做零散工作的时间比例有多大呢？

这不是记录方法，而是提升工作效率的方法。在我最忙的时候，除了特别重要的邮件或需要郑重道歉的情况以外，处理邮件的时间都是由我自己规定的。我处理邮件的时间分别是开始工作前、午休时（因为我吃午饭的速度很快，所以午休时通常能够找出一些时间，如果没有时间的话，我会在午休前后处理）、工作效率较低的下午 3～4 点，以及下班前的 10～15 分钟。对于比较紧急的邮件，我会当天回信，对于可以在次日以后答复的邮件，我会把它们复制在相应日期的文件夹内，等到了那一天，再找空余时间处理。邮件倒还好，让我感觉难办的是语音留言和电话。收到语音留言或电话后，我的一般做法是先确认留言或电话的紧急程度，如果是必须立刻处理的事情，我会马上回电话解决，除此以外的事情，我会回邮件答复或再找空余时间处理。

8. 延续到很晚的深夜会议

QUESTION

末班车快要到了，可是大家的讨论进入了白热化阶段，而我的大脑已经累到转不动了。遇到这种情况时，我究竟该交给其他同事继续讨论，自己先行离开，还是顾及与其他同事的关系，强迫自己继续留下参与讨论呢？这件事让我十分苦恼。

ANSWER

虽然你的提问看似希望给同事关系和工作效率的重要性排个先后顺序，但这种情况下，两者其实也是能兼顾的。因为这时不但提问者会感到疲劳，其他同事也会感到疲劳，所以对于这种谁碰上了都不会开心到哪里去的事情，我们首当尽量避免。

不过，若有必须在当天定夺的事情，就另当别论了。

也就是说，判断应依据的前提条件。我遇到这种情况时，会先问问一起讨论的同事："我已经累到脑子都快转不动了，就算继续留在这里，恐怕也起不到什么好作用。大家的状态还好吗？还能继续高效地讨论吗？"如果大家还能富有成效地讨论，那么我会考虑是继续在疲惫的状态下参加讨论，还是出去调整一下状态再回来继续，抑或是先退出讨论，将剩下的问题交给其他同事完成。

9. 持续力

QUESTION

因为缺乏耐心，所以很难坚持，我有必要在制订计划时把这一点考虑进去吗？

ANSWER

我想，你应该不是对任何事情都缺乏耐心而无法坚持吧！建议你深入分析导致自己缺乏耐心的根本原因。比如说，遇到了嘴上说很重要但未必被真正放在心上的事情时，谁都容易厌烦，可是遇到自己非常关心或性命攸关的事情时，又极少有人会缺乏耐心。

若缺乏耐心、厌烦可能会引发严重问题，那么就需要通过调整工时和付出更多的努力来有效预防这一情况发生。若这样做了以后，依然残留因缺乏耐心而引发问题的可能性，那就需要从风险管理的范畴来解决了。

10. 时间管理技巧

QUESTION

可否请您告诉我，以团队的形式运作项目时该如何实施时间管理？是让每位团队成员单独进行时间管理好，还是由项目经理分析每个人的信息，统一实施时间管理好呢？

ANSWER

两种方法都需要。个人有义务思考自己能否如期完成自己的作业，且每个人的分析结果应该与管理者共享。

此外，项目经理首先需要了解整个团队是否能正常运转，发生问题时，还应该了解引发问题的原因。若是团队运营方面的问题，则须改善团队运营机制；若是个人的问题，则须了解个人使用时间的方法。

有时问题也可能是偶发因素造成的，若判明类似问题不会再次发生的话，则可通过计划缓解问题。可是，如果是本质性的问题，如效率低下或预估失误，那么实际情况将很可能大幅偏离计划，这时就需要采取根本性对策了。

11. 项目经理的态度

QUESTION

项目经理的态度会给项目品质带来多大影响？

ANSWER

项目经理的态度会给项目带来很大的影响。虽然干系人的态度、项目组成员的态度也很重要,但是,对项目影响最大的还是项目经理。项目经理为使项目取得成功而竭尽全力的态度能为团队带来积极影响。我想,即便不是团队所有成员,那些有良知的团队成员看到项目经理的这种态度后,肯定会尽全力做到最好。

我一定会对担任项目经理一职的人这样说——虽然项目经理的工作有时也会面临孤独与艰辛,但一定不要在下属面前垂头丧气、失去信心。因为下属一旦看到领导失去信心、意志消沉的话,自己也会变得不知如何是好。

12. 项目受阻的原因

QUESTION

关于项目无法顺利开展的原因,从您的经验来看,比较重要的有哪些?

ANSWER

回答这个问题的话,我可以讲上一节多课。但是,若只谈主要原因的话,我可以举出以下一些例子:

(1) 过低预估(在项目范围还未确定的时候就确定了预算,这是绝不可发生的事情)。

(2) 过低预估风险(这也是过低预估的一种)。

(3) 计划时间过短(即便减少工时,也是有限度的)。

(4) 重要人员的技能问题。
(5) 项目组成员几乎都是兼职员工,没有专职员工。
(6) 关键环节迟迟解决不了,遗留问题较多。
(7) 未把项目的重要性告知项目关系人。
(8) 项目领导未发挥作用或项目领导能力不足。
(9) 项目经理与项目组成员之间存在隔阂。
(10) 核心成员离开项目(多数因项目经理管理能力不足所致),由此引发负面的连锁反应。

13. 进展不顺的项目的预兆

QUESTION

在最终未能顺利完成的项目中,是否有过某些转折点或预兆?如果有的话,是什么呢?

ANSWER

这个问题和前一个问题类似,我从预兆的层面再举几个新例子吧!

(1) 项目老板、主要利益相关者发生变更。
(2) 行业内出现新动向。
(3) 项目组成员的素质变差(迟到现象较多、没有按时出席会议、未进行垃圾分类、项目办公室不整洁等)。
(4) 加班过度。因经常加班到很晚,很多项目组成员次日早上无法按时上班。

(5) 项目组成员不清楚合同和货品要求。

(6) 产品规格经常发生变化(超过了原工作量的 30%)。

(7) 用户参与项目的时间过迟。

(8) 形成了系统研发部门 vs 用户的模式(明明经营、销售、系统研发需要三位一体)。

(9) 未遵守项目标准。

(10) 重要成员离开,合作公司退出。

14. 不可靠的项目组成员

QUESTION
项目中出现了不可靠的成员,该怎么办?

ANSWER
短期内无法给这个人安排重要工作是毫无争议的事实。但是,如果置之不理且一直不给他安排重要工作的话,他将得不到任何锻炼、提升的机会,从而难以立足于公司。所以,从公司有效用人的角度来看,这个人并没有在公司实现自己的价值,也无法获得收入的提升,他是不快乐的,并且最终与公司形成双输的局面——这是双方都不愿意看到的结果。反之,解决这一问题才是皆大欢喜的结果。所以,我希望你能先理解这一点。

接下来,要了解这位项目组成员的虚假报告、不负责任、逃避等行为究竟是否属实,如果属实的话,还要进一步了解其恶劣程度。有些人的行为会恶劣到让我们很容易产生"这种人简直不可饶恕"的感性想法(坦白地说,我也接受不了这种人,完全不想和他一起工作)。但是,感性想法会严重影响我们对于事实的认知,应要注意避免。

摸清事实后,要进一步了解这个人为什么会那样做。若不分青红皂白地指责对方"不能做虚假报告",恐怕根本刺不到对方的内心。因为对方或许并没有做虚假汇报的想法,只是原先的数据有问题,再或许对方误以为报告不会被使用而有所轻视,没有认真做报告。

原因不同,解决方法也不一样。

若有下属向我申请"因为某成员能力不足,所以我希望换一个人"的话,我会深入确认"这位成员是否真的能力不足"。因为让没有特别优秀的能力的成员于项目中承担相应的工作、发挥适当的作用也是项目管理的目的之一。

其实,最麻烦的是有一个既不负责任又不诚实、本来没有资格当上司的上级领导。虽然只考虑自己的人本来就不该当领导,但这种情况往往很常见。领导不力,团队不善,这样下去只会使问题越来越严重。遇到这种领导的话,要不就想办法爬到他的头上,要不就祈祷他的上级派一个靠谱的领导过来。

15. 低标准的计划

QUESTION

遇到不能制订合理计划的情况(预算有限等)时,不得不以低标准的计划推进项目,有没有能让决策者和实施者都满意的操作方法?

ANSWER

就算遇到这种情况，也不能一上来就制订低标准的计划（从 QCD 平衡的层面考虑）。如果非要从合理的计划中减去什么的话，也应该在说明这样做会带来什么风险的基础上再进行删减。

到了必须启动项目的时候，应该先说明这样做可能面临的风险，然后推进项目。此外，还需要经常汇报项目情况。每当遇到因为预算过低导致项目出现问题的情况时，都要询问决策者是通过追加投资满足 Q、D，还是继续保持现状。总之，要让决策者一直知道，最终取得的结果是按照低标准的计划执行所致。

16. 管理问题导致项目组成员疲惫

QUESTION

项目经理的管理让项目组成员感到疲惫，这让我很苦恼。遇到这种问题该如何解决？

ANSWER

首先，项目组全体成员应该就项目经理实施管理的意义（有何好处、与项目的成功有何关联）达成共识。如果项目经理只是为了管理而管理的话，那么项目经理应适当放宽要求；如果是项目组成员的理解没到位，那么项目经理需要明确管理的目的，让大家对管理有正确的理解。毕竟，使项目取得成功才是管理的目的所在，所以项目经理应该让项目组成员明白项目成功的定义是什么，了解项目成功的要素，然后根据项目需要，达到相应的要求。

17."项目管理式生活"的压力

QUESTION

养成记录浪费的时间、制订合理计划的习惯,从未让您感觉到压力吗?到底从何时开始,才能让我觉得记录实际情况、制订计划很有必要且不那么痛苦呢?

ANSWER

如果"项目管理式生活"让你感到有压力或觉得麻烦,那么你过的可能不是真正的"项目管理式生活",因为这本该是让你活得更幸福的方法,应该让你自然而然地越做越来劲、越做越喜欢啊!

我很早就具备了跨越心里那道"感觉有些麻烦"障碍的意志力。决定了,就要坚持到底——这种信念是父母,尤其是父亲,从小教给我的。通过分析数据,不断优化做法,也是我很早以前就喜欢干的事情,这或许和我从小喜欢玩麻将、扑克牌、象棋、围棋等有关。

我选择学习项目管理,是在我成为经理的时候。当时我仔细考虑了究竟该选择技术方向还是选择项目管理方向这个问题。因为当时处于优秀的技术人才颇多但专业化的项目管理人才较少的年代,所以我毅然决然地选择了项目管理方向。此外,技术会随着时代的发展而变化,但项目管理是普遍适用的技能,这也是我选择后者的原因之一。而最终让我拿定主意的,还是因为比起研究技术，我更喜欢研究人。

18. 目标的制订

QUESTION

我能在工作上给自己订目标，却无法在生活中给自己订目标。有没有什么好的改善方法？

ANSWER

造成这一情况的原因多种多样，但最主要的原因很可能是，你认为目前的生活很充实，而且你对此也很满意吧？人生的目标在于"幸福"二字，但"幸福"的定义因人而异。若想一想什么能让你变得更幸福的话，你或许就能给自己的生活制订目标了。

比如，我觉得自己比同龄人身体健康、结实，并觉得挺骄傲的。但是，对于这一现状，我并不完全满意。因为我的体重偏重，肌肉量也较以前大幅减少，身体的柔韧度欠佳。为了改善这些问题，我给自己制订了目标。关于自己的爱好，我也给自己制订了更高的目标。

19. 给深陷困境的项目灭火

QUESTION

项目陷入困境，我必须肩负起让项目摆脱困境的职责。遇到这种情况时，我该如何确保自己有充足的时间，如何管理好自己呢？

ANSWER

解决项目中突发的问题是一项很麻烦的工作，无论你有多少时间，都会觉得不够用。但是，你如果因此损害了身心健康，那将无法完成后面的任务。如果家庭因此垮掉的话，那么谈工作还有什么意义呢？所以，无论如何都要尽量实现工作与生活的平衡。

如果项目频繁发生出问题后灭火的情况，那么任何人都会吃不消。因此，由公司建立一套防止项目出现问题的机制至关重要。在埃森哲公司，一旦项目出现问题，公司便会彻底调查引发问题的根本原因，然后用调查所得的教训指导后续流程，坚决预防类似情况再次发生。

20. 会议的高效化

QUESTION

项目组规模大、成员多，所以被分成了很多小组，但因为需要管理的环节较多，所以要参与的讨论、会议也有很多，有没有什么好办法帮我解决这一问题？

ANSWER

提到开会，除了提高开会的效率，别无他法。仅仅做到会前的充分准备（梳理会议要点和议程）、进行开会时的时间管理以及明确会后的待办事项，便可节省不少时间。

如果已经提高了效率，但管理量还是很大，那已经不是个人层面能够解决的问题了。为了不让这一问题成为阻碍项目正常运营的瓶颈，我建议为项目调整合理的人员配置和考虑外包。

21. 项目经理的资质

QUESTION

怕得罪人的人应该不适合成为项目经理吧？

ANSWER

若让我直接回答适合或不适合的话，我可能会回答：不适合。尤其在规律性较强的项目中，大多要有一个肯得罪人的项目经理。不过，如果发挥项目经理职能的不是一个人，而是类似项目管理办公室（PMO）这样的团队的话，那么就要考虑由团队中的谁来发挥这一作用了。但我认为，唱黑脸的工作基本应该由团队中级别最高的人来担任。

22. 充满未知数的项目中的计划

QUESTION

在一些反复进行的工作中，我们很容易找到关键路径，但对于情况特殊且没有试错机会的项目，我们往往很容易将每一道工序的预算做得过于粗略。话说回来，这样的项目是不是根本就不适合使用探寻关键路径的方法呢？

ANSWER

关键路径与所有"存在依存关系的系列工序"相关，也就是说，与项目为已知还是未知无关。但是，在未知项目中，"工序"的定义（WBS 的定义）及工序相互间的依存关系往往并不明显，因此识别关键路径的难度较大。

对于初次执行的项目，我们应当从本质的相似性中找出可作为模型的部分，以假设为基础对 WBS 和依存关系做出定义，设定预期，制订计划。"在假设中找出关键路径，并优先关注"这一点与已知项目的操作完全一致，只是在未知项目中，需要修正的次数会多一些。

23. 关于成员配置与成员选择

QUESTION

成立项目组时，是否担心过成员配置与选择的问题？

ANSWER

这是个很难的问题。项目所需的技能、功能是已经被定义了的，选人的大前提是此人符合已定义的条件。当然，我们无法保证总能做到最理想的人员配置，但是我们可以在项目实施的同时进行人才培养，最终让成员达到理想的水平，因此，我们要尽量选择具备这种发展潜力的成员。本人有强烈的成长意愿、对项目的成功具有极大的热忱，这两点在选人的时候很重要。

除此之外，每个人都有自己的特点，我们只能具体问题具体分析，不过，一般来讲，需要短期内集中力量完成的项目和需要长期稳扎稳打的项目，在成员配置方面有较大差异。

短期项目如果由强有力的领导和成员进行，能够很快开始并看到效果。但是，由于缺乏全面的探讨、研判，也不排除实际情况偏离计划的可能。

长期项目需要建立完善的体制，因此要有意识地选择具有不同意见的成员，比如给领导力、推动力强的领导配一位能够沉着冷静地分析问题的成员，等等。同时，在这种情况下也要考虑男女比例。

24. 关于动力不足的成员

QUESTION

下属和项目组成员有明确的希望和目标是最好的，但是总有些人面对这个问题时会回答"没什么想法""不太清楚"，缺乏动力。遇到这种情况，是不是要通过跟他们谈话，和他们一起找到提升动力的方法呢？从个人角度讲，我有时想放弃这样的人，但是又不得不做出反馈，很是头疼……

ANSWER

这不是一朝一夕就能解决的问题。即便放弃，情况也不会有所改善，因此我认为应当进行对话。但是，如果这样的人时常出现对团队其他成员产生不良影响的言行，则另当别论，若情况恶劣的话，可能要把当事人踢出团队。

我们要知道，没有人不希望自己进步，也鲜有人不希望得到周围的认同。人都有隐性的诉求，我们应当在对话中使其注意到他自己的诉求，并明确表述出来，这样做不但有助于项目的顺利进行，更有利于当事人自身的发展。

如果我们付出了努力，当事人依然没有任何改变，那就说明他的价值、诉求很可能并不在工作方面。这时就没有必要强行使其提高动力和热情，只能以做好本职工作来要求他了。

不过，以我的经验来看，上司专门拿出时间倾听员工的诉求，对于员工来讲不可能带来负面影响。退一步来说，如果有负面影响，那也是因为双方早有嫌隙，如果不能先让双方的关系回到正轨，那么做出多少努力都无济于事。

25. 项目目标与个人目标的差距

QUESTION
在一个大的项目中，项目自身的目标与项目组成员个人的目标有时会有差异，此时作为项目经理应该怎么做呢？

ANSWER
项目目标与个人目标很少能完全一致，更重要的是以某种方式将两者联系起来。首先要清楚项目组成员的价值观，从中锚定与项目目标具有相似性的价值观，以此为基础设置目标，让成员体会到二者的一致性。

我个人很重视"项目是让自己成长的平台"这一看法。将"通过参与项目，学习到××"设定为目标。很少有人觉得自己不成长、不发展也没所谓。

另外，如果想把工作做好，首先要热爱工作，喜欢自己所在的环境、接触的同事、客户、自己所在的部门、公司等，这很重要。自然而然地对自己所处的状态给予肯定，有幸福感，那么自身的表现也会更上一层楼。

26. 控制个人的好恶

QUESTION

我在实践过程中学习到，对项目经理而言，与利益相关者建立良好的沟通是非常重要的。但是，在实际工作中，我们时常会遇到讨厌的人或与自己性格不合的人。如果利益相关者恰巧是自己不喜欢的类型，我们应该以怎样的思维模式与对方保持良好的关系呢？有没有什么技巧呢？

ANSWER

在人与人的相处中，很难避免对对方抱有一定的情感倾向。但是，如果这种倾向会让对方感到不适，那就很有必要想办法减轻这种负面影响。

首先，请客观地思考一下，自己为什么不喜欢那样的人。其次，我们看看不喜欢的理由能否改变。如果能够通过某种方法，让自己对对方的认知发生改变，进而消除不喜欢的意识，那我们就应该采取行动。如果很难改变对对方的判定，则需要想办法削弱它带来的影响。

另外，我们的关注点不应该只放在个人身上，也应该关注现象和状态，比如不要总想着"我不喜欢××"，而要想"开会的时候，我不喜欢××对我的意见的过度批评"。如果将一天到晚想着的"不喜欢××"的思维转变为"在某种特定情况下不喜欢××"，就不会出现不喜欢一个人的情况。

如果经过多番努力仍然无法改变现状，或许只能接受现实了。我们无法消除讨厌的情绪，但是应当在完成自己的工作与自己的好恶之间做排序，考虑好哪个更重要，之后再行动。希望大家遇到的情况还没恶劣到这个程度。

27. 项目组成员的个人成长和发展

QUESTION

从培养人才的角度考虑，即使我能预测到失败概率较高，但只要成员本人想要挑战，且又在我能够控制、补救的范围内，我就会将某些工作交给这个人去做。但是一些上级无法包容失败的结果，他们会介入其中，带领成员成功完成项目。他们认为，浪费在补救上的时间，不如用在其他方面的工作上。

如果从时间管理的角度来看，确实应该在短期内取得成功。但是，如果从中长期发展来看，我认为让成员带着自己的思考去挑战一下更好。对于员工个人的发展与合理的时间管理之间的关系，我想请您谈谈自己的经验和建议。

ANSWER

我非常认同这个观点。

我认为培养人才也是项目的目标之一，虽然有时项目目标和紧急度不同，情况也各不相同。

从现实情况来看，一个项目很难全部由已经锻炼出来的成员完成，如果考虑员工的发展空间，这种组合反而可以说是超额配置。

越是规模大、工期长的项目，培养人才的价值就越高。因此我赞成在可控范围内且适合学习和成长的情况下尊重成员本人的想法，放手让其尝试。

当然，这也需要适当的指导，以尽量避免失败。我们既然能预测到失败概率高，说明我们已经掌握了可能出现问题的地方，在这一点上让成员自主思考更有助于其成长。

我在培养成员预估风险的习惯这一过程中，会让其深入思考近期可能遇到的问题。这样既能规避风险，也能让成员模拟体验。但需要注意的是，如果执行过程中真的出现了问题，有时即便该问题可以弥补，成员本人的心态及周围人的信任也无法弥补。所以，最好把握好这方面的平衡，思考合适的指导方法。这时，指导所需要的时间是必要时间。

员工得不到发展，部门就无法发展。如果不想培养人才，只想单纯推进项目，就只能以成熟的人员阵容开展项目。既然接受了不成熟的员工，那么，不进行指导就不可能顺利完成项目。因此，若执行过程中出现问题，那么该问题要么是事先已经预测到的问题，要么是忙不过来没能预测到的问题。

格局太小、目光短浅的人，往往不重视个人的发展。但是人才是支撑社会发展的最重要因素。无论在什么样的组织部门，多少都有能明白这一点的人吧。

项目组成员的发展是项目成功的因素之一，不应当"事后诸葛亮"，而应在项目设立之初就把这一要素考虑进去。培养人才的背后总伴随着艰辛，也需要付出智慧。只要在风险可控的情况下适当给予员工挑战的机会，大多数人还是能接受的。

28. 对利益相关者的管理

QUESTION

我觉得项目管理中最困难的就是如何对待利益相关者。总的来说，要四处讨好、八面玲珑，但我其实并不太懂得对待他们的具体方法。

ANSWER

如何对待利益相关者，对于这个问题，我的回答是，首先要明确我们希望利益相关者以何种形式参与项目，是否希望得到他们的支持。把这些问题搞清楚了，就能够以恰当的方式来驱使对方向这个方向行动。

利益相关者各有各的利害关系，对于同一个项目的思考方法不尽相同。即使是总经理带队推进的项目，也未必能让所有人打心眼里支持。其中也不乏出于个人利益的小算盘而参与项目的人。即便如此，我们也很难让这些利益相关者的想法发生巨大的变化。我们需要花费大量时间，让项目的成功与各方利益相关者期待的结果一致。

通过项目章程明确规定项目目标，在每次的项目运营委员会会议中提出，让所有人坚守当初的目标——这种仪式是不可或缺的。

我们在项目推进过程中很常见的一种情况是，项目刚开始，就有高话语权者持怀疑态度。如何对待这些高话语权者很关键。从我过往的经验来看，这些人往往有怀疑的原因，很少胡乱反对；也往往是这些人，一旦接受了我们的意见，便会对项目支持到底。因此，在项目开始时，如果出现了提出各种疑问的高话语权者，我们则应当将大部分精力放到这个人身上。

相反，一上来什么问题都没有、一味被动遵从的人，有时反倒会在关键时刻推翻我们的意见。在项目开始阶段有些疑问是理所当然的，有时候真的需要花费较多时间方能赢得对方的认可。重要的是，我们应当多番确认利益相关者是否真心积极支持项目，是否真正赞同项目的推进方向。

29. 大项目与小项目的差异

QUESTION

大型项目与小型项目在管理方面有不同之处。要管理好大型项目，平时应当注意什么呢？

ANSWER

大型项目也有很多种。若是国际项目，包含离岸因素，有多个销售商参与，几个项目同时推进，再加上其他各种因素，项目的难度就更大了。

对于这样的项目，无论是阅读文献，还是听经验丰富者转述，都很难有真实的体会。我们还是需要通过某些机会亲身体验、真实感受其中的难处。说实话，面对这种项目，有时甚至会产生虚无感，会恐惧。

大型项目的难点之一是我们完全无法掌握一线的情况。比如，一个包括项目经理在内、由三个层级构成的项目，项目经理可以自己收集信息，因此掌握的信息相对比较精准。如果是包括项目经理在内、由四个层级构成的项目，项目经理就不太容易掌握实际情况了，但如果项目经理直属的管理人员足够优秀，项目经理也可以获得相应的信息。在包括项目经理在内、五个层级以上的项目中，如果不升级组织架构，让信息自动流入，项目经理就很难掌握一线究竟发生了什么。

通过定性、定量的信息准确推测一线当前情况的能力很重要。先通过中小型项目锻炼根据定性、定量信息做出准确判断的能力，准确定义项目流程，这是参与大型项目之前不错的铺垫。

此外，在大型项目中，项目经理不但难以准确掌握信息，也很难将自己的想法传达给下层成员，甚至如果频繁调整项目组成员，还得反复说明项目的方向这种基本事项。如果不完善进人出人的流程，很容易在信息传达时出现遗漏的情况。

项目组成员之间的交流也存在多条路径，交流量是庞大的，并且很可能出现非官方信息泛滥的情况。如果不明确规定哪些是官方信息、要以什么为基础开展工作，那么现场很容易混乱。因此以书面形式下达官方信息是非常重要的。

大型项目很难立时停止或突然启动。如果方针错误，那么100个人仅仅工作一天就会产生 100 人时间的浪费。

在大型项目中，成员的动力管理也更加困难。如果一个项目只有几个人参与，那么每个参与者都会有当事人意识。但如果是几百人甚至上千人参与的大型项目，参与者很容易觉得自己像一个无足轻重的齿轮。这时动力的维持变得更加困难，项目经理更应该着力于让每一个成员都保持自己的动力。

30. 与项目组成员构建信任关系

QUESTION

在统管多个项目时，应当如何与成员建立信任呢？怎样做才能提高成员的动力、热情呢？

ANSWER

项目开始后，即便再想与项目组成员建立信任，也不一定一帆风顺。作为项目经理，应当平时便与可能参与项目的成员展开良好的沟通。

如果项目中有第一次共事的成员，则要尽早了解他是什么样的人、他的目标是什么、价值观又是怎样的。但这个过程并不像口头说的那么简单，我自己在实践中也是历尽千辛万苦。

在成员的动力方面，由于每个人的立场不同，必须做的事也不尽相同。对于项目经理这样的部门领导来说，具备熟知每一名项目组成员的姿态非常重要。当然，向成员表达感谢的态度也很重要。同时，还要向成员们提供深埋于项目之中、容易被大家遗漏的信息，寻找能从项目之外获得的支持，并努力实现。

不同人的动力源泉不同，因此掌握动力来源并尽可能给予回应很重要。但是，从我的经验来看，在提高成员动力方面，不可或缺的是创造良性的工作环境，让他人意识到自己的存在，也就是能够得到他人的表扬、收获他人的感谢，从而确定自己所做的事是有价值的。

31. 年轻人的"项目管理式生活"

QUESTION

二三十岁的年轻人在实践"项目管理式生活"的过程中，必须注意的问题点是什么呢？

ANSWER

我们先拿二三十岁的年轻人的特点与四五十岁的中年人的特点做个对比。

二三十岁的年轻人最大的特点是，能够在较长时间内使用已掌握的技能。年轻人有足够的时间去学习需要大量时间才能掌握的技能，并且也有足够的时间来克服自己的弱点。人到了一定年龄，要克服自己的弱点是很困难的，这时着力发挥自己的优点会取得更好的效果（当然，也需要克服致命的弱点）。从这一方面来看，年轻人的可塑性较强，更容易克服自己的弱点，可以说这是年轻人的优势。而且，年轻的时候即便失败，也有足够的精力和体力重新站起来。

考虑到以上这些问题，我向年轻人提出以下建议：

① 找出与自己长期幸福相关的技能，并努力尽快掌握。

② 努力克服有可能阻碍自己幸福的弱点。

③ 将项目管理式生活中包含的项目管理技能、本质把握能力、幸福导向/幸福思维等的应用变成一种习惯。

④ 不畏惧失败，挑战各种可能性。

32. 二三十岁的项目经理

QUESTION

如果想在二三十岁的年纪当上项目经理，需要具备怎样的技术和能力？

ANSWER

成为项目经理所需要具备的能力与年龄无关，我们无论处在什么年龄段，该具备的能力还是要具备。这里我们以已经具有项目经理基本资质为前提来谈谈。

年纪轻的项目经理在业务开展过程中最常遇到的困难，应该就是因为年轻而被项目组成员或利益相关者小看了吧。对于这种思维定式，我们需要提前准备对策。

举个例子，我们假设对方认为"年轻=经验不足"（实际上，在风险预判、与相关人员交涉、管理利益相关者等方面，项目经理有时确实需要一定的经验）。在这种情况下，我建议年轻的项目经理请经验丰富的成员提供帮助。

此外，有个不争的事实是人们对年龄的要求往往超出实际需求，这一倾向在日本尤为明显。如果成员比项目经理年长，且习惯于年功序列[1]的思维，就很可能不认同项目经理的管理。在与利益相关者和客户相处时，也存在同样的情况。在这种情况下，年轻的项目经理辅以经验丰富的年长成员这种配置往往会产生不错的效果。

33."初物"项目

QUESTION

遇到此前没有经历过的项目时，应该做些什么呢？

ANSWER

对于这种情况，首先要冷静分析该项目的哪些方面使我们感到棘手。一个新项目中的各方面均与你的以往经验无关——这种情况很少见。

我们要多角度考虑一个项目到底哪里与以往不同，比如项目规模、项目基地数量、项目实施地（国家文化、法律等）、使用技术、合作企业、外购

---

[1] 译注：年功序列工资制是日本企业的传统工资制度，即员工的基本工资随员工本人的年龄和企业工龄的增长而每年增加，而且增加工资有一定的序列，按各企业自行规定的年功工资表次序增加。

比例、期限、成本、质量要求、对象（系统的种类、活动的种类、架构）、最终客户、离岸使用活跃度、技术环境（云端还是本地）、方法论、合同形态、签约企业的特点(诉讼性质、反社会性）等。

我们找出不同点后，心里应当清楚，它们都有可能成为今后的风险。精准查证每个要素的不同之处，从风险角度进行探讨。根据以往的类似案例和专家意见等，推测这些风险发生时产生的影响、发生概率，以及对风险的管控程度，以清单形式明确风险。这时我们就能推测出因差异而产生的风险，以及应对这些风险所需的工时、大概金额。此外，还应当准备好应对现阶段无法预测的风险的应急方案(包括金额、期限等内容)。

34. 当个人情绪导致表现不佳时

QUESTION
有时虽然制订了计划，但是会因一时突发的情绪（回忆引起的烦躁或负面情绪）导致学习或工作无法按计划执行。遇到这种情况时，要如何处理呢？

ANSWER
没有人可以完全摆脱个人想法或情绪的束缚。我们都很清楚，遇到这种情况时表现不佳是很正常的。这时，我一般会在内心问自己："为情绪所困，在不好的状态下工作，或从情绪中挣脱出来，以崭新的状态努力工作，都是自己的选择。我应该选择哪种状态？"

很多时候，我们的大脑会自行做出"判断"，所以导致我们出现这种"被自己的思维禁锢"的状态。在我们自己大脑中发生的事是问题的根源，因此，我们应该先适当地制止这种下意识的"判断"，从客观的角度认清事物的真实状态，从而挣脱思维的枷锁。

只要掌握自己的情绪和内心的状态，认识到解决这种问题的关键在于自身，就能让事态在很大程度上得到改善。

35. 理想与现实的鸿沟

QUESTION
有时候，人们不去积极提升自己，很大一个原因是对实现理想感到无望。理想很丰满，现实很骨感，如何看待这种情况？

ANSWER
我个人认为，找出现实与理想的差距是推动进步的良机。当然，有时即便花费很长时间进行改善，现实与理想依旧存在差距。但是，正是因为现实尚未达到理想状态，我们才能为了填补二者之间的差距而不断进步。即使无法完全消除差距，努力缩小差距也是一种进步——这本身就是一件了不起的事情。

进步和发展，不是与他人做比较，而是通过对比昨天和今天的自己，再进行评估。毋庸置疑，只要今天的自己比昨天的自己进步了，我们就是了不起的。

36. 对人际关系的理解

QUESTION

如果自己在与人交往的过程中有"被浪费的时间",那么是应该割舍掉与此相关的关系,还是应该认为这段关系有最终发展成有益关系的可能,故而维持现状呢?

ANSWER

我们有必要再思考一下,与那个人相处花费的时间是否真的属于"被浪费的时间"。一段关系是否对自己有益,很难在短期内做出判断。

让我们以"聚会"为例来思考一下这个问题吧!

拒绝他人的邀请可能会对人际关系不利,但是,如果自己不是特别想应邀前去,而且有别的事等着做,我会选择不去。在这种情况下,我们需要考虑的问题是,如果不赴这次邀约,真的会对人际关系不利吗?如果有不利影响,那么跟因为去赴约而耽误别的事的不利影响相比,哪个更严重一些?

另外,如果认为少应邀一次就会影响人际关系,那么也应当考虑,是否在这之前,自己和对方就已经种下了关系恶化的种子。最重要的是,我们日常就应当维护好对我们重要的人际关系,避免因为未赴某个饭局而影响关系。

出于惰性,我一般对公司同事之间的聚会敬而远之,但是很乐于参加必须去的聚会,以及跟喜欢、欣赏之人共赴的聚会。如果一次聚会不能为包括自己在内的任何一个人带来幸福感的话,那么参加这次聚会就等同于浪费时间；但是，若能心情舒畅地参加聚会，那就绝对不能说自己是在浪费时间。

37. 对于选择结果的理解

QUESTION

假设遇到必须二选一的情况，也就是同时不能选择两者（无法预知两种选择的结果）时，我该如何判断自己做出的选择是否正确，是否还有更好的选项呢？

ANSWER

我们愿意相信，如果是深思熟虑后做出的选择，只要没导致特别消极的结果，就是正确的选择。做出这样的选择，即便自己认为选错了，也不至于影响到自身的幸福感，所以我相信，只要是认真做出的决定，就是正确的。

如果出现了消极的结果，或经客观思考后依然认为结果是消极的，那么，我建议你进行思考实验，验证自己到底是在哪个环节判断失误了，为下一次不再出现类似的判断失误而努力。

38. 艰难抉择

QUESTION

如果有两样自己喜欢的东西，我们应当如何判断自己该选哪样，哪样更能让我们幸福呢？

ANSWER

首先,我们应当从前提条件出发,提出质疑,思考自己是否真的必须二选一。如果必须选其一,那么就选能够更长远、更持久地有利于个人幸福的选项,所以,我们必须首先清楚自己在什么样的状态下才是幸福的。请大家努力了解自己真正的需求吧!

39. 处于低谷时如何保持动力

QUESTION

在工作中陷入低谷时,应当如何保持自己的动力呢?

ANSWER

我们不仅会在人生的低谷犯错,平时也会犯错,经历很多次失败。出问题的时候,我们会感到情绪低落,对同事和部下也会有负疚感。

但是,我们的终极原则是幸福,所以我们要问自己:持续的失落能让我们幸福吗?答案显而易见,一直低落下去,不但当事人自己不幸福,而且当事人带着这样的状态回家时还会对家人产生负面影响。相反,我们如果幸福,就有足够的能量让自己在乎的人也得到幸福。我坚信,我们个人的幸福与所在乎的人的幸福密不可分。

我们能够控制自己的行为和思维,遇到问题时,我们应首先考虑,在自己的可控范围内是否存在与幸福直接相关的因素。动力的来源不在于外界的任何人,我们应该自己想办法保持动力。

40. 应对意外的突发状况

QUESTION

人生中总会经历几次情绪特别低落乃至超出自己承受范围的情况,这时我们应当如何重整旗鼓呢?

ANSWER

其实能够意识到当前处于自己不可控的状态是件好事,这时我们只要认识到这种状态持续下去的危害,然后积极地调整心态,争取早日脱离这种状态就可以了。

真正有问题的是,自以为一切尽在自己的掌握之中,实际情况却恰恰相反。我们在生活日志的部分说过,遇到这种情况时,我们也应该每天记录自己的数据,因为这有助于解决问题。之前觉得舒适的情况,现在却让人无感;以前能做到的事,现在却做不到……与过去的自己对比,能帮我们察觉到当前状态是否在自己的掌控之中。我们如果依然搞不清楚自己在做什么的话,就需要对家人、朋友或辅导员等坦诚相待,让他们把对于自己现状的评价告诉自己,从而把握真实情况。

41. 耐力

QUESTION

我很不擅长坚持做事,有没有好的解决办法?

ANSWER

就算没有坚定的意志力，不善于坚持，但只要能取得一定的成果，并且为该成果能够保留下来感到幸福，或许你就不必非要做出多大的改变。

如果你觉得你的幸福来源于更好的结果，那么我认为你应该先明确自己的目的。如果没有明确的目的，那么一个人将很难借助强大的意志力坚持到底。

将做一件事变成自己的习惯，是坚持做一件事的简单方法，但在培养习惯的过程中，也离不开一定程度上的坚持。所以，归根结底，首先还是要有一个明确的目的。

42. 对于培训的兴趣

QUESTION

培训为何如此重要？是否有可能将项目管理的技巧运用于培训中呢？

ANSWER

因为我的前任东家是一家只有人、没有资产的公司，所以，为了使项目取得成功、为了让客户满意、为了公司的发展，培训的重要性不言而喻。剩下的问题就在于，我们对培训有多大信心，能够实践到什么程度。

在工作的最初几年里，我只关注自己的事情，对工作并不太用心，每天上班只是做完领导安排的工作而已。拥有下属以后，我的想法有了很大转变。就算我再怎么能干，顶多能完成2～3人份的工作，让我完成20人份的工作是不可能的。但是，让每个人进步 10% 的培训可以同时对 100 人乃至 1000 人开展。也就是说，从结果上来看，我们有可能通过培训来完成 10 人份乃至 100 人份的工作。我发现这是一个能让所有相关的人都感到快乐的事情。

后来，我成了一个以培训为主的小型项目的负责人，这让我进一步切实地认识到，培训真的能实现共赢。

进入更大的组织后，我发现人的成长几乎等同于组织的成长，从而越发清晰地认识到组织该做的事情是什么。在很多情况下，往往不是当事人本身缺乏干劲和觉悟，而是因为他所处的环境周围有太多人不敢迈出第一步。这时，采取措施，在背后推他们一把，才是组织应该做的事情。所以，这让我越发感觉到，让那些有干劲的人更有效率地学习是一件多么重要的事。

因为项目管理的本质在于"成功地实现想做的事情"，所以其技巧当然也可以用于培训领域。虽然将项目管理的技巧运用于培训领域时，因为要结合心理学知识，所以我们不能将其直接拿来使用，但其中的很多思考方法都是适用的。至于学习方面，把握计划与实际执行之间的差距并分析原因、采取对策的重要性，就不用我再多说了。

43. 关于毕业求职

QUESTION

我马上就要毕业求职了，可以给我些建议吗？

ANSWER

若从长远的角度来看,可以说工作是为了实现幸福而做的选择。希望你能先了解自己(了解对自己而言重要的价值观是什么)、了解备选企业,然后在此基础上做出正确的选择。

若只单纯从公司留给自己的印象和薪资水平来做决定的话,将很可能持续陷入与自身价值观格格不入的煎熬。

在如今这个年代,跳槽已不是什么稀罕事,所以,以此为前提制订职业规划也未尝不可。但是,对刚毕业的大学生来说,若不能掌握一定技能的话,恐怕很难实现理想的跳槽,所以,在进入第一家公司工作时,一定要做好"能学多少就学多少"的心理准备。

44. 如果掉队了……

QUESTION

就算运气好,找到了工作,也会遇到工作不顺、跟不上团队节奏的情况。遇到这种情况时,我该如何应对呢?是否应该将那些消极的经验、挫败感转化为动力,重新站起来呢?

ANSWER

在我跟不上团队节奏的时候,我只对自己的事情非常上心。那时的我有太多不足之处,甚至连身边的人际关系都顾及不到。拿一件事情来说,当时让我感到厌烦的人、难以忍受的人几乎多到数不清。可能是因为我当时无论做什么都做不好，身边的朋友渐渐离我而去，上司也经常批评我，甚至对我施加语言暴力，相当于如今的职权骚扰。但是，毕竟多数问题出在我自己身上，而且我对他人的态度也不太敏感，所以整体遭受的打击并不算大。

后来，我迎来了"思想进步期"，这一时期我对工作的态度发生了很大的转变——工作是最重要的，没有什么比完成工作更重要。当时的我对于工作几近疯狂，想必当时跟着我干的那些下属一定没少吃苦。那段时间，也是我固执地认为自己的想法全部正确、一味要求别人照做的时期。一些刚入职场的年轻下属或许会视我为"职场大神"，但在那些已有一定工作经验且思想较为成熟的下属眼中，我应该是一个麻烦的领导吧！

后来，我迎来了人生中的一次巨大转机——赴澳大利亚工作一年零两个月。在面临英语这一巨大语言障碍的环境下，我努力打造团队的凝聚力。其间，我偶然遇到了肯·布兰查德博士所著的《一分钟经理人》，它向全世界介绍了"情境领导"（Situational Leadership）这个概念。这本书使我的观念发生了很大改变，让我认识到主动探究"人"的重要性。

此后，我贪婪地阅读和心理学、领导力相关的书籍，积极参加各种学会、讲座，想尽一切办法加深理解。实践自己学习到的知识时，我切实领悟到一个道理：人是不一样的，让一个人做符合自己价值观的事，他会感到快乐，但要让他做违背自己价值观的事，哪怕这件事是正确的，他也会不快乐。于是，我开始遵循每个人的特点，对他们实施差异化管理。参加送别派对时，一位老同事对我说了这样一句话："似乎从某个时间段开始，你瞬间从魔鬼变成了菩萨。"没错，他形象地描述了我这一时期的变化。

在我处处掉队的时期，我既遇到过挫折，也体会过挫败感。我知道自己不但笨拙，还畏惧挑战新事物，所以我对自己跟不上团队的节奏不觉得意外，但的确有些着急，甚至体会到了一定的孤独感。不过，若问我是否将那段经历、感受转化为了日后努力的原动力的话，我的回答应该是否定的。

我的原动力，来自我对"成长的渴望"和"进取心"。我想要努力工作，但因为某些错误或不顺利导致我未能如愿取得想要的结果，我告诉自己，没有什么事情能够在一开始就轻易做好，所以"我要不断地成长"。正是这一想法，帮助我走出了困境。

因为上大学时我一直在练摔跤，所以我对自己的腕力充满了自信，这或许也给我带来了较强的抗击打能力。我在自己从事的第一个项目中屡屡受挫，因为当时的上司经常对我恶言相向，甚至说了一些否定我人格的话，但是一个坚定的信念成了我最后的精神支柱——"既然是关乎生命的较量，那我便不能认输"。所以，对某件事拥有自信和力量，会让你很难失去自我。

45. 工作方式改革

QUESTION

对于最近到处都在议论的"工作方式改革"，您是怎么看的？

ANSWER

这也是我非常感兴趣的话题，很希望我的经验和技能帮到大家。其实，正在逐步变为国策的"工作方式改革"的本质，在于"让工作的人变得更加幸福"。减少劳动时间不一定能让劳动者获得幸福，就算工作时长缩短、生产效率提高，我们也不敢断言国民会因此变得更加幸福（当然，减少过度的长时间劳动是很有必要的）。话说回来，我们首先应该准确定义"生产效率"。比如，为了提高基于 GDP（国内生产总值）的生产效率，而将原先的无偿服务改为有偿服务，就真的能使人们变得更幸福吗？当然，我们的确应该对显而易见的浪费现象和过低的生产效率采取对策。总而言之，我认为，每一位国民在思考工作方式改革时，都不应该忘了工作方式改革的本质在于实现人生的幸福。

46. 关于抚养孩子

QUESTION

作为一位有三个孩子的父亲，我不知道该如何让孩子对学习产生兴趣。请问，有没有什么好办法？

ANSWER

首先，你要知道，让三个孩子对学习产生兴趣的方法肯定是不一样的。父母要做的，不是逼孩子对学习产生兴趣，而是想清楚希望每个孩子未来"成为什么样的人"，然后给他们输入相应的信息，自然而然地引导孩子，最终让他们自发地认为"我想成为这样的人"。

即便孩子"想成为的样子"与你的目标偏离了也没关系，因为孩子只要有目标，就很容易产生想要达成目标的动力，哪怕那个目标再荒唐、再滑稽也没关系，只要你能够全身心地支持孩子就可以。

虽然遇到孩子什么也不愿想、什么也想不出的情况是最麻烦的，但是希望家长能够明白，这种情况也是很正常的。如果孩子尚且做不了决定的话，家长就应该告诉孩子"做决定之前一定要多多尝试"，尽可能地给孩子展示出更多的人生可能性。

总而言之，被父母强迫去干的事情，孩子很难长久地坚持下去。父母能给予孩子的，是让他们学会能够自己做出正确判断的思考方式，帮助他们正确吸收那些难以自行吸收的知识。

47. 关于沟通

QUESTION

我感觉自己很不善于沟通，很想让自己的表达富有魅力和说服力，可是很难做到。有没有能有效提升沟通能力的方法？

ANSWER

我在本书"把握本质"的部分曾举过一个关于沟通的例子，思考沟通的问题时，先明确问题的本质，即"沟通的目的是什么"，这一点很重要。

若自己不擅表达的原因在于自己欠缺魅力、说服力的话，那很可能是因为自己在选择词语的时候只站在自己的角度，而没有站在对方的角度。自己的感受最多作为参考，要想让对方获得与自己同样的"热情"和"感动"，我们必须主动思考对方会因何被打动。

若面对的是与自己拥有相似价值观、感受能力的人的话，那么直接将自己感受的重点传达给对方就可以。反之，如果面对的是与自己完全相反的类型或拥有不同经历的人，那么只传达自己感受的重点，将很难引起对方的共鸣和理解。每个人都是不同的，不同的人拥有不同的思考方式和价值观。认识到这一点，并将自己的表达方式转化为易于对方接受的形式很重要。

把自己想要传达的事情传达给对方才是沟通的本质，说话只是沟通的手段。若不善于用语言沟通，也可通过展现实物、照片、资料等方式达成沟通的目的。因此，不把自己的表达方式局限于语言，努力尝试用不同方法达成沟通的目的，这种积极态度也很重要。

48. 关于自由和责任

QUESTION

我理解的"自由"，既包括按照自己的想法做事，也包括为此承担相应的责任。我经常对下属和团队说："你们可以按照自己的想法去做事，但同时也要承担相应的责任。"您对此怎么看？

ANSWER

我的观点是，作为社会中的一员，我们要时刻对自己的行为承担责任。就算是被他人要求或命令说"你想怎么做就怎么做"，我们也要时刻做好为此承担责任的心理准备。若总是给自己找借口说"是对方要求我这么做的，所以我不该为此承担责任"的话，我们恐怕将很难活得幸福。

若对方没有指明具体做法而让我们自由选择，由此带来的结果以及相应的责任应该由我们自己来承担——我对这一观点表示赞同。

再多说两句，我指导下属时，会提前告诉他们："我不会一上来就告诉你该怎么做。"我就算会告诉他们最终应该达到的效果、过程中的检查重点以及相应的检查时间，也会让他们先自行思考具体的计划和执行方法，并且会提醒他们，如果实在想不出该怎么做了再来找我。只有当他们认真思考过再来找我的时候，我才会告诉他们方法。因为直接按别人教的方法做事和按自己独立思考出的方法做事带来的学习效果与经验值有很大差别。

49. 关于未来

QUESTION

您对未来的展望、动力是什么？

ANSWER

我在上班之前，就已经把大学毕业后的人生分为三个阶段。在第一个阶段，我想努力工作，提升自身实力，实现一定程度的财务自由，为自己今后的人生打下坚实的基础；在第二个阶段，我要和自己喜欢的人一起做我们喜欢的事，也就是为自己和自己身边重要的人而活；在第三个阶段，我要为地球而活。但令人遗憾的是，我未能顺利按照自己规定好的时间推进这三个阶段，在 50 岁之前，我刚刚进入第二个阶段。

因为我不想因为离职而给自己无比热爱的公司和同事带来困扰，所以我选择在完成一项重要使命的时候辞职。因为我觉得，若在自己被委派重要任务的时候辞职的话，定会给公司、同事造成很大的麻烦。

为了让五十年后的日本变得更好，我想通过教育给更多人（尤其是年轻人）带来有利的影响，同时也从他们的身上获得一些新的刺激。我想把这本书所写的"本质思维／本质把握能力""幸福思维／幸福导向"的内容传播给更多的人。

与此同时，我想向国内外宣传日本的魅力，增加日本的粉丝量。现在好像有很多居住在日本却不喜欢日本的外国人，这让我很伤心。当今的日本虽然的确有不少让我们为之遗憾的地方，但也有很多其他国家所没有的魅力。如果很多人因为不了解日本的魅力而未能喜欢上日本的话，那真是太可惜了。所以，我想向其他国家的人诉说日本的魅力，让更多的人喜欢上日本。我非常愿意参加与之相关的活动，对以日本美食、日本清酒为核心的日本饮食文化、传统工艺持有浓厚的兴趣和意愿，我真诚地希望自己能为振兴日本饮食文化、传统工艺尽上绵薄之力。

目前的这段时间，我想用来为人生的最后一个阶段（25～30年）制订作战计划。顺道提一句，我个人的下一个十年目标是"成为一位使世界变得更有趣的50岁大叔"。

后记

庆应 SDM 有很多不同情况的学生前来学习，其中既有大学毕业后直接读研的年轻人，也有一边工作一边读研的公司职员，还有为企业打拼多年、希望自己的职业生涯能够更上一层楼而重新回到大学学习的与我同龄的人，还有一边操持家务一边给自己充电的家庭主妇，一边做生意一边进修的老板，等等。

这么说或许有些"王婆卖瓜，自卖自夸"，但我的项目管理课程确实受到了各类学生的一致好评，还收到了很多出版社的出版邀请。

虽然我要写的是一本以时间管理为主的书籍，但我迟迟抽不出时间，耽搁了很久都未曾动笔。今年，我终于能够抽出时间了，于是决定动笔。借此机会，请允许我向庆应 SDM 的前野隆司先生、当麻哲哉先生表示由衷的感谢。

本书所写的内容，绝不是仅对项目从业人员有用的专业知识。我认为这本书对于过着与企业、国家推进的项目毫无关系的生活的公司职员、学生、教育从业人员、主妇 / 主夫也很有帮助。

从我个人的角度来说，我更希望即将就业的本科生、研究生以及以刚进职场的新职员为代表的年轻职员好好看看这本书。虽然我相信这本书对任何年龄段的人来说都很有意义，但是越早看的话，就能尽早地将这些内容运用到自己的生活中。

另外，我希望那些即将于不久的将来抚养孩子的准父母以及有培养下属任务在身的领导看看这本书。

我的成功与幸福固然重要，但向下一代人传播"项目管理技巧""本质思维／本质把握能力""幸福思维／幸福导向"也很重要。

我认为，教育，是使未来变得更美好的唯一方法。

如果我的这些努力能为日本未来成为更有魅力的国家助上一臂之力的话，我将感到无比幸福。

米泽创一
2017 年 11 月

米泽创一

庆应义塾大学系统设计与管理研究科特聘教授
原埃森哲公司董事总经理

毕业于京都大学经济学部经营学科，曾在美西北大学修完凯洛格高等商业管理课程（Kellogg Advanced Business Management Program）。曾在埃森哲公司担任日本项目管理集团综合管理员、SAP 平台综合管理员、培训负责人、品质管理负责人、全球化 SAP 组织培训负责人等职务，对教育培训行业充满热情，2008 年开始在庆应义塾大学系统设计与管理研究科（SDM）任教，担当课程"项目管理式生活"的主讲老师，颇受学生欢迎，如今仍在持续宣传通过灵活运用项目管理技巧、提升本质把握能力使人们拥有富裕且幸福的人生的秘诀。